Armando Gómez
Christian Gutiérrez
Carlos Mendoza

Humanos + Máquinas:

Armando Gómez
Christian Gutiérrez
Carlos Mendoza

Humanos + Máquinas:

la nueva ingeniería del trabajo

Editorial Académica Española

Imprint
Any brand names and product names mentioned in this book are subject to trademark, brand or patent protection and are trademarks or registered trademarks of their respective holders. The use of brand names, product names, common names, trade names, product descriptions etc. even without a particular marking in this work is in no way to be construed to mean that such names may be regarded as unrestricted in respect of trademark and brand protection legislation and could thus be used by anyone.

Cover image: www.ingimage.com

Publisher:
Editorial Académica Española
is a trademark of
Dodo Books Indian Ocean Ltd. and OmniScriptum S.R.L publishing group

120 High Road, East Finchley, London, N2 9ED, United Kingdom
Str. Armeneasca 28/1, office 1, Chisinau MD-2012, Republic of Moldova, Europe
Printed at: see last page
ISBN: 978-613-9-46764-8

HUMANOS
+
MÁQUINAS:
La nueva ingenierria
del trabajo
Armando Gómez B.
Christian Gutiérrez L.
Carlos Mendoza J.

Índice.

Bienvenido a una aventura que explora el presente y el futuro de nuestro trabajo, donde humanos y máquinas se encuentran en el centro de una transformación sin precedentes. "Humanos + Máquinas: La Nueva Ingeniería del Trabajo" no es solo un libro; es una invitación a descubrir cómo la tecnología está redefiniendo quiénes somos y cómo trabajamos. A lo largo de estas páginas, encontrarás un recorrido fascinante que inicia en los primeros pasos de la automatización, avanza hacia la inteligencia artificial y la robótica, y llega a explorar los retos éticos, los cambios en las habilidades y el impacto en nuestro bienestar.

Cada capítulo revela una nueva pieza de este rompecabezas, mostrando cómo nuestra relación con la tecnología ha evolucionado para convertirnos en socios estratégicos de las máquinas. Imagina un mundo donde la creatividad y el pensamiento crítico son tan valiosos como la programación y el análisis de datos. Aquí, descubrirás los desafíos que enfrentamos y las oportunidades que esta nueva era ofrece. Este libro te prepara para adaptarse y prosperar en un futuro impulsado por la sinergia entre humanos y tecnología, un viaje que transformará no solo tu visión del trabajo, sino también del papel que jugamos en esta revolución. ¡Prepárate para inspirarte y abrir la mente hacia un mundo donde el límite es solo nuestra imaginación!

Introducción

La relación entre humanos y tecnología ha sido una constante en la historia de la humanidad, transformando no solo nuestras herramientas, sino también nuestras aspiraciones, valores y formas de vida. Desde los primeros utensilios de piedra hasta los complejos sistemas de inteligencia artificial, cada avance ha redefinido lo que significa ser humano en un entorno tecnológico. Este libro documental explora esta relación evolutiva, centrándose en cómo la tecnología ha reconfigurado nuestra interacción laboral y cómo el trabajo humano ha cambiado al compás de la automatización, la inteligencia artificial (IA) y la digitalización. En un mundo donde la velocidad de la innovación desafía nuestras capacidades de adaptación, es esencial comprender cómo hemos llegado hasta aquí y a dónde podríamos ir en los próximos años.

Este libro, examina cómo comenzó nuestra integración con las máquinas y cómo se ha transformado a lo largo del tiempo. Desde los primeros intentos de automatización en la manufactura hasta la revolución de la inteligencia artificial, este capítulo explora cómo la tecnología ha pasado de ser una mera herramienta a convertirse en un socio colaborador en el lugar de trabajo. Con una mirada histórica y social, esta sección también cuestiona cómo la tecnología ha alterado la percepción del trabajo humano, desde ser meros operadores hasta verdaderos colaboradores en una sinergia humano-máquina.

Se analiza cómo la automatización ha rediseñado el trabajo, eliminando tareas repetitivas y optimizando flujos de trabajo en diversas industrias. Este capítulo no sólo examina los avances en la manufactura, sino que también muestra el impacto de las herramientas de automatización en los sectores de servicios y finanzas. En una época donde la tecnología redefine los roles humanos, también se profundiza en los desafíos y barreras que enfrentan las organizaciones para implementar la automatización de manera efectiva y en los efectos de estos cambios en el bienestar de los empleados.

También, explora cómo la IA está revolucionando el ámbito laboral, particularmente en la toma de decisiones y en tareas complejas. Con la IA, las empresas pueden realizar análisis más precisos y optimizar su rendimiento organizacional, lo que les otorga una ventaja competitiva. Este capítulo presenta estudios y casos prácticos que demuestran el impacto de la IA en la productividad y cómo, al reducir la carga humana, está transformando el concepto de eficiencia y desempeño en las organizaciones de todo el mundo.

Dado que la tecnología está en constante evolución, la Adaptación Humana ante la Revolución Tecnológica, aborda las competencias necesarias para adaptarse a este entorno cambiante. En un mundo impulsado por la IA, habilidades como la creatividad y el pensamiento crítico se vuelven tan esenciales como las habilidades técnicas en áreas como la programación y el análisis de datos. Este capítulo discute las iniciativas de capacitación necesarias para preparar a la fuerza laboral del futuro y enfatiza la importancia de una mentalidad de aprendizaje continuo para mantenerse relevante en un mercado laboral en constante transformación.

Finalmente, analiza los escenarios futuros y los posibles modelos de negocio en un mundo digitalizado. La ética y la privacidad emergen como temas cruciales, especialmente a medida que las empresas dependen cada vez más de los datos y los algoritmos. El liderazgo organizacional juega un rol clave en guiar a sus equipos en esta transición tecnológica y en garantizar que la digitalización no solo optimice el rendimiento, sino que también mantenga la integridad y el bienestar de los empleados.

En conjunto, este libro documental ofrece una exploración profunda y multidimensional de la evolución de la relación entre humanos y tecnología. A través de estos capítulos, se invita al lector a reflexionar sobre los desafíos y oportunidades que la revolución tecnológica plantea para el trabajo y la sociedad en su conjunto. Al abordar tanto los aspectos técnicos como éticos, este libro ofrece una visión integral del mundo laboral actual y una guía sobre cómo navegar en un futuro dominado por la sinergia entre humanos y máquinas.

La
Evolución de la
la relación entre
ente Humanos y
Máquinas
1

Capítulo 1: La evolución de la relación entre humanos y máquinas

Hoy, es imposible imaginar un mundo sin tecnología, sin esas "extensiones" que no solo facilitan nuestras tareas, sino que también amplían nuestras capacidades. Desde los primeros días de la humanidad, cuando nuestros ancestros descubrieron cómo usar herramientas rudimentarias para sobrevivir, hasta el siglo XXI, donde la inteligencia artificial y la robótica se presentan como aliados y, en algunos casos, como competidores en el ámbito laboral, la relación entre humanos y máquinas ha cambiado nuestra manera de vivir de formas extraordinarias.

¿Hasta qué punto hemos dejado que las máquinas se integren en nuestras vidas?

La historia de esta relación es una narrativa llena de inventos, adaptaciones y avances, cada uno transformando la vida humana en múltiples dimensiones. Desde los primeros cinceles y martillos hasta la maquinaria compleja de las Revoluciones Industriales, el progreso tecnológico ha reflejado la evolución de nuestras sociedades y prioridades. Este análisis busca profundizar en esta evolución, explorando cómo cada etapa ha moldeado nuestra cultura, economía y la estructura misma de nuestras vidas cotidianas.

En sus primeras etapas, la tecnología era algo que utilizábamos estrictamente como una extensión de nuestro propio cuerpo. La invención de la rueda, el desarrollo de la agricultura e incluso el fuego fueron avances que nos dieron el control sobre la naturaleza de una forma antes impensable. Estos logros básicos dieron paso a estructuras sociales más complejas, con jerarquías y roles que dependían cada vez más de habilidades y herramientas especializadas. Es fascinante considerar que cada pequeña innovación en esta era prehistórica allanó el camino hacia los grandes avances que vendrían siglos después.

La llegada de la Revolución Industrial fue un punto de inflexión definitivo. Las máquinas comenzaron a realizar trabajos que antes requerían la fuerza física humana, lo cual transformó los centros de producción, las ciudades e incluso la manera en que los humanos se relacionaban entre sí. Las fábricas no sólo aceleraron la producción, sino que redefinieron el trabajo, trayendo consigo nuevas oportunidades y también desafíos. Muchos temieron que las máquinas reemplazarían a los trabajadores, una preocupación que, de una forma u otra, sigue siendo relevante en la actualidad.

Hoy en día, la Cuarta Revolución Industrial nos ha llevado a un nuevo nivel de complejidad, en el que las máquinas no solo hacen trabajo físico, sino que también piensan y toman decisiones. En palabras de Pérez (2020), "la relación entre humanos y máquinas ha dejado de ser puramente instrumental para convertirse en una asociación en la que ambas partes interactúan y se influyen mutuamente" (p. 3). Este cambio ha generado un sinfín de debates sobre los límites éticos de la inteligencia artificial y el lugar de las personas en un mundo tan automatizado.

El impacto de esta evolución va mucho más allá de lo laboral. La inteligencia artificial y la robótica se aplican en campos como la medicina, donde facilitan diagnósticos y tratamientos, y en el entretenimiento, generando contenido interactivo personalizado. Las comunicaciones han cambiado radicalmente, permitiéndonos estar conectados con el mundo entero en cuestión de segundos. Sin embargo, estos avances también nos enfrentan a nuevas preguntas: ¿hasta qué punto es saludable esta dependencia de las máquinas? ¿Estamos preparados para los desafíos éticos que plantea la IA?

A lo largo de este capítulo, exploramos cómo la interacción entre humanos y tecnología no ha sido siempre sencilla ni libre de obstáculos. Martínez (2018) argumenta que "la era digital y la creciente automatización cognitiva obligan a los trabajadores a desarrollar competencias adaptativas y a invertir en aprendizaje continuo para mantenerse relevantes" (p. 50). A medida que la tecnología avanza, la necesidad de adaptación se hace aún más crucial para aquellos que desean seguir siendo competitivos y relevantes.

Uno de los aspectos más interesantes de este análisis es que la tecnología no solo transforma el trabajo, sino también la forma en que los humanos nos percibimos a nosotros mismos. Con cada innovación, se redefine lo que significa ser "humano" y nuestras habilidades se complementan con el poder de las máquinas. La Cuarta Revolución Industrial plantea un escenario en el que las habilidades humanas como la creatividad y el pensamiento crítico se valoran tanto como los conocimientos técnicos en un mundo cada vez más automatizado.

Vivimos en un mundo completamente interconectado. La tecnología forma parte de casi todas nuestras actividades diarias, desde los teléfonos inteligentes que llevamos en el bolsillo hasta los sistemas avanzados de inteligencia artificial que gestionan enormes bases de datos en tiempo real. Las casas inteligentes, los asistentes virtuales y los dispositivos de salud portátiles nos ofrecen comodidades que, hace apenas unos años, parecían sacadas de una película de ciencia ficción. La tecnología ha dejado de ser una herramienta externa para convertirse en una parte intrínseca de nuestra vida cotidiana.

Además, el uso masivo de dispositivos y plataformas tecnológicas ha abierto un espacio para la creación de nuevas comunidades virtuales. Hoy, las redes sociales y las plataformas digitales permiten a las personas conectarse de manera global, derribando barreras geográficas y culturales. Esta conectividad global ha dado lugar a movimientos sociales, intercambio de conocimientos y apoyo mutuo en una escala nunca antes vista. Sin embargo, también nos enfrenta al reto de discernir entre la información confiable y la desinformación, un problema de creciente relevancia en la era digital.

La educación es otra área en la que la tecnología ha producido cambios profundos. Los métodos de enseñanza han evolucionado rápidamente gracias a herramientas digitales como plataformas de aprendizaje en línea, simuladores de realidad virtual y recursos interactivos que facilitan el aprendizaje autónomo y el acceso a la información desde cualquier parte del mundo. Esta transformación ha permitido que muchas personas, independientemente de su ubicación, tengan acceso a recursos educativos de alta calidad, reduciendo la brecha de conocimiento entre distintas regiones.

En el mundo del trabajo, la inteligencia artificial y la automatización han optimizado una variedad de procesos, desde la manufactura hasta la toma de decisiones ejecutivas. La IA permite a las empresas analizar grandes volúmenes de datos en tiempo real para mejorar la precisión en sus decisiones y aumentar la eficiencia operativa. Sin embargo, esta integración también ha generado preocupaciones sobre la seguridad laboral, ya que se prevé que muchas ocupaciones serán reemplazadas por sistemas automatizados. Esta situación plantea preguntas importantes sobre el papel del ser humano en una economía cada vez más dominada por la tecnología.

Por otra parte, la privacidad y la seguridad de los datos se han convertido en temas críticos a medida que dependemos más de dispositivos digitales que recopilan y procesan nuestra información personal. La inclusión de tecnologías como el reconocimiento facial, la geolocalización y los registros en la nube ha planteado el reto de proteger la privacidad individual en un entorno donde los datos personales son una moneda de cambio valiosa. Esto nos lleva a considerar hasta qué punto estamos dispuestos a sacrificar nuestra privacidad a cambio de las comodidades y ventajas que la tecnología ofrece.

Finalmente, la tecnología ha transformado el entretenimiento, ampliando nuestras opciones y brindándonos experiencias inmersivas que antes eran impensables. La realidad aumentada y la realidad virtual nos permiten vivir experiencias que parecen tan reales como el mundo físico, sumergiéndonos en paisajes ficticios o simulaciones históricas. El impacto de estos avances en nuestras relaciones y expectativas es profundo y, aunque todavía estamos comprendiendo sus efectos a largo plazo, es claro que el entretenimiento seguirá siendo uno de los campos donde la tecnología redefine lo que consideramos posible.

La finalidad de este capítulo es ofrecer una perspectiva completa de cómo ha evolucionado esta relación, desde los primeros instrumentos de piedra hasta las sofisticadas tecnologías de inteligencia artificial. A través de un recorrido por los hitos históricos más importantes y los desafíos actuales, exploraremos cómo esta relación entre humanos y máquinas ha contribuido a los cambios estructurales que han transformado la sociedad. También abordaremos el impacto de la Cuarta Revolución Industrial y cómo afectará tanto el mercado laboral como nuestras vidas diarias.

Analizar esta evolución no solo nos ayuda a entender el pasado, sino también a prever los posibles caminos hacia el futuro. Si algo ha sido constante en esta historia, es la capacidad humana de adaptarse. Aunque cada avance trae consigo tanto oportunidades como desafíos, nuestra habilidad para integrarnos con la tecnología será crucial para enfrentar los cambios que vienen.

1.1 Primeros pasos: de las herramientas a las máquinas

El inicio de la relación entre humanos y herramientas se remonta a tiempos prehistóricos, cuando los seres humanos comenzaron a utilizar objetos rudimentarios para cazar, recolectar y construir. Estas herramientas, aunque simples, representaron un avance significativo en la capacidad del ser humano para modificar su entorno y mejorar su calidad de vida. Desde piedras afiladas hasta lanzas hechas de madera, las primeras herramientas permitieron una mayor precisión en las tareas cotidianas y sentaron las bases para el desarrollo de tecnologías más avanzadas. Según López (2019), este fue el primer gran salto en la evolución de la interacción entre humanos y la tecnología: "Las herramientas manuales permitieron a los humanos extender sus capacidades físicas, lo que allanó el camino para la eventual creación de máquinas más complejas" (p. 23).

Con el tiempo, estas herramientas evolucionaron en sofisticación. Durante la Edad de Bronce y la Edad de Hierro, los humanos desarrollaron técnicas para fundir metales, lo que permitió la creación de herramientas más duraderas y eficientes. Este avance no solo cambió la manera en que los humanos trabajaban la tierra y cazaban, sino que también fomentó el comercio y la expansión de las primeras civilizaciones. La invención de dispositivos como la rueda y la palanca permitió a los humanos aplicar fuerzas de manera más efectiva, facilitando el transporte y la construcción de estructuras más grandes. Estos inventos marcaron el inicio de una relación más cercana y simbiótica entre humanos y máquinas.

El siguiente gran salto tecnológico ocurrió con el surgimiento de las primeras máquinas industriales en los siglos XVII y XVIII. López (2019) sostiene que "la transición de las herramientas manuales a las máquinas representó un cambio radical en la forma en que los humanos interactuaban con la tecnología, ya que las máquinas no solo mejoraron la productividad, sino que también comenzaron a realizar tareas que antes requerían grandes cantidades de mano de obra" (p. 47). Estas primeras máquinas, aunque mecánicas, dependían de la energía humana o animal para funcionar, pero sentaron las bases para la automatización futura.

Entre las primeras máquinas que revolucionaron el trabajo se destacan los molinos de viento y de agua, utilizados para moler granos y bombear agua, respectivamente. Estas máquinas permitieron a las sociedades antiguas generar energía de manera más eficiente, lo que facilitó la agricultura y la producción de alimentos a gran escala. Aunque primitivas en comparación con las máquinas modernas, estas invenciones representaron un cambio significativo en la forma en que los humanos aprovechaban las fuerzas naturales para realizar tareas cotidianas.

Finalmente, hacia finales del siglo XVIII, las máquinas comenzaron a incorporar principios más avanzados de mecánica y física, lo que permitió la creación de dispositivos más complejos y potentes. López (2019) destaca que "la invención de la máquina de vapor por James Watt y la posterior revolución industrial marcaron un antes y un después en la historia de la tecnología" (p. 62). Estas primeras máquinas industriales no solo sustituyeron a las herramientas manuales, sino que también transformaron la economía y la estructura social, preparando el camino para la era industrial.

1.2 La revolución industrial y la automatización mecánica

La Revolución Industrial, que comenzó en el siglo XVIII en Inglaterra, fue un punto de inflexión en la historia de la humanidad. Fue en este período cuando las máquinas comenzaron a sustituir de manera sistemática la fuerza humana y animal en la producción. La introducción de la máquina de vapor, desarrollada por James Watt, fue el catalizador de este cambio. Esta innovación permitió que las fábricas operaran de manera más eficiente y sin depender de fuentes de energía natural como el viento o el agua. García (2020) señala que "la máquina de vapor no sólo permitió la automatización de muchos procesos industriales, sino que también impulsó el transporte, lo que facilitó el comercio y la expansión de las ciudades" (p. 115).

La automatización mecánica trajo consigo una transformación radical en la organización del trabajo. Antes de la Revolución Industrial, la mayoría de los productos eran hechos a mano por artesanos en pequeños talleres. Con la llegada de las fábricas y la producción en masa, el trabajo se dividió en tareas especializadas, lo que permitió una mayor eficiencia y una reducción en los costes de producción. Sin embargo, esto también tuvo un impacto significativo en la fuerza laboral. El trabajo manual fue reemplazado por máquinas, y muchos artesanos se vieron obligados a adaptarse o perder sus empleos. García (2020) argumenta que "el cambio hacia la automatización no solo alteró el paisaje económico, sino que también generó tensiones sociales, ya que muchos trabajadores veían sus habilidades tradicionales volverse obsoletas" (p. 121).

El impacto de la automatización se extendió más allá de las fábricas. Sectores como la agricultura también se vieron beneficiados por la introducción de maquinaria mecánica. Trilladoras, segadoras y arados mecánicos revolucionaron la agricultura, permitiendo una producción de alimentos a gran escala y con menos mano de obra. Esto, a su vez, generó un éxodo masivo de trabajadores rurales hacia las ciudades, donde buscaban empleo en las crecientes fábricas. García (2020) menciona que "la Revolución Industrial no solo cambió la forma en que se producía, sino también la distribución de la población, marcando el inicio de la urbanización moderna" (p. 128).

Sin embargo, no todo fue positivo. La automatización también provocó un aumento en las jornadas laborales y condiciones de trabajo deplorables. Los primeros años de la Revolución Industrial estuvieron marcados por la explotación laboral, particularmente de mujeres y niños, que trabajaban en condiciones peligrosas y con salarios miserables. Esto llevó a la aparición de movimientos sociales que lucharon por mejores condiciones de trabajo y por la regulación del empleo infantil. García (2020) señala que "la automatización trajo consigo una mayor productividad, pero también expuso las desigualdades inherentes al sistema capitalista emergente" (p. 134).

A medida que avanzaba el siglo XIX, la automatización mecánica continuó evolucionando. La introducción de nuevas fuentes de energía, como la electricidad, y el desarrollo de máquinas más sofisticadas, como los motores de combustión interna, permitieron que la automatización se expandiera a nuevos sectores de la economía. La producción en masa se consolidó como el modelo predominante, y la eficiencia se convirtió en el principal objetivo de los ingenieros y empresarios. García (2020) concluye que "la Revolución Industrial fue solo el comienzo de un proceso de automatización que continúa hasta nuestros días, y que sigue redefiniendo la relación entre humanos y máquinas" (p. 139).

1.3 La era digital: computadoras y nuevas relaciones de trabajo

El siglo XX trajo consigo el advenimiento de la era digital, un período caracterizado por la introducción de la informática y las tecnologías de la información. El desarrollo de las primeras computadoras, como el ENIAC en 1946, sentó las bases para una nueva revolución tecnológica que transformaría profundamente el mundo del trabajo. Las computadoras permitieron a las empresas procesar grandes cantidades de información de manera rápida y eficiente, lo que cambió radicalmente la forma en que se organizaba el trabajo. Martínez (2018) argumenta que "con la llegada de las computadoras, las empresas pudieron automatizar tareas administrativas y de cálculo, lo que permitió una mayor eficiencia y redujo la necesidad de mano de obra en ciertas áreas" (p. 47).

A medida que las computadoras se hicieron más accesibles y potentes, se integraron cada vez más en los procesos productivos. Las fábricas comenzaron a utilizar sistemas computarizados para controlar maquinaria y gestionar inventarios, lo que mejoró tanto la precisión como la velocidad de producción. Este avance también permitió la creación de nuevos sectores económicos, como el desarrollo de software y la tecnología de la información. Según Martínez (2018), "la era digital no solo transformó la producción, sino que también creó nuevas oportunidades de empleo en áreas que antes no existían, como la programación y la ingeniería de sistemas" (p. 54).

Uno de los cambios más significativos que trajo la era digital fue la globalización del trabajo. Las tecnologías de la información permitieron que las empresas pudieran operar en diferentes partes del mundo de manera simultánea, lo que fomentó la creación de cadenas de suministro globales y la deslocalización de la producción. Esto, a su vez, generó nuevos desafíos para los trabajadores, que ahora competían en un mercado laboral global. Martínez (2018) destaca que "la globalización, facilitada por la tecnología digital, ha creado tanto oportunidades como amenazas para los trabajadores, quienes deben adaptarse a un entorno cada vez más competitivo y dinámico" (p. 60).

Además, la era digital trajo consigo una nueva forma de trabajar: el trabajo remoto. Gracias a las tecnologías de comunicación, como el correo electrónico y las videoconferencias, muchos empleados pudieron realizar sus tareas desde cualquier lugar del mundo. Esto no solo cambió la forma en que las empresas gestionaban a sus empleados, sino que también permitió una mayor flexibilidad y equilibrio entre la vida personal y laboral. Sin embargo, también planteó nuevos retos relacionados con la seguridad de la información y la desconexión digital. Martínez (2018) explica que "aunque el trabajo remoto ha mejorado la calidad de vida de muchos empleados, también ha generado nuevas formas de estrés, como la dificultad para separar la vida laboral de la personal" (p. 68).

Por otro lado, la era digital marcó el inicio de la automatización de tareas cognitivas. Hasta entonces, las máquinas se utilizaban principalmente para realizar tareas físicas, pero con el desarrollo de las computadoras y los algoritmos, ahora podían realizar tareas que antes requerían habilidades intelectuales, como el análisis de datos y la toma de decisiones. Martínez (2018) afirma que "la automatización cognitiva representa un nuevo desafío para los trabajadores, quienes deben adquirir nuevas competencias y habilidades para mantenerse relevantes en el mercado laboral" (p. 74).

En resumen, la era digital ha cambiado de manera profunda las relaciones de trabajo, creando nuevas oportunidades, pero también nuevos desafíos. A medida que las tecnologías de la información continúan avanzando, es probable que la relación entre humanos y máquinas siga evolucionando, transformando aún más el mundo del trabajo.

1.4 La cuarta revolución industrial: convergencia de inteligencia artificial y robótica

En la actualidad, nos encontramos inmersos en lo que muchos expertos denominan la Cuarta Revolución Industrial, un período marcado por la convergencia de tecnologías emergentes como la inteligencia artificial (IA), la robótica avanzada, el internet de las cosas (IoT) y la impresión 3D. Estas tecnologías están redefiniendo la relación entre humanos y máquinas de manera fundamental. Pérez (2020) sugiere que "la Cuarta Revolución Industrial no se trata solo de la automatización de tareas repetitivas, sino de la integración de sistemas inteligentes que pueden aprender, adaptarse y tomar decisiones de manera autónoma" (p. 33).

La inteligencia artificial ha avanzado a pasos agigantados en las últimas décadas, alcanzando niveles de sofisticación que permiten su aplicación en una amplia variedad de industrias. Desde la automatización de procesos en fábricas hasta el uso de algoritmos para la gestión de recursos humanos, la IA está transformando la forma en que las empresas operan y cómo los empleados interactúan con las máquinas. Pérez (2020) destaca que "la IA no solo aumenta la eficiencia, sino que también permite a las empresas resolver problemas complejos de manera más rápida y efectiva, lo que está cambiando la dinámica del trabajo en todos los sectores" (p. 41).

La robótica, por su parte, ha experimentado avances significativos que han permitido la creación de robots cada vez más autónomos y versátiles. Estos robots no solo son capaces de realizar tareas físicas complejas, sino que también pueden colaborar con humanos en entornos laborales, lo que ha dado lugar al concepto de "cobots" o robots colaborativos. Estos cobots están diseñados para trabajar junto a los empleados, ayudándolos en tareas que requieren precisión, fuerza o repetitividad. Pérez (2020) menciona que "la colaboración entre humanos y robots está redefiniendo los entornos de trabajo, permitiendo una mayor productividad y reduciendo los riesgos laborales" (p. 48).

Uno de los aspectos más interesantes de la cuarta revolución industrial es la convergencia entre la IA y la robótica, lo que ha dado lugar a sistemas inteligentes capaces de interactuar de manera más natural y eficiente con los humanos. Los avances en el procesamiento del lenguaje natural y el reconocimiento de imágenes han permitido que los robots puedan entender instrucciones verbales y visuales, lo que facilita su integración en tareas cotidianas y en entornos laborales complejos. Pérez (2020) argumenta que "la combinación de IA y robótica está creando una nueva generación de máquinas que no solo ejecutan tareas, sino que también aprenden y mejoran con el tiempo, lo que abre nuevas posibilidades para la automatización y la innovación" (p. 52).

Sin embargo, este avance tecnológico también plantea importantes desafíos. La creciente automatización de tareas a través de la IA y la robótica ha generado preocupaciones sobre el futuro del empleo, particularmente en sectores que dependen de tareas repetitivas o manuales. Muchos expertos temen que la automatización masiva pueda llevar a la desaparición de millones de empleos, lo que podría exacerbar las desigualdades económicas y sociales. Pérez (2020) advierte que "aunque la Cuarta Revolución Industrial ofrece grandes oportunidades, también plantea riesgos significativos para los trabajadores, quienes deben adaptarse a un mercado laboral en constante evolución" (p. 57).

Finalmente, la cuarta revolución industrial también está generando un cambio en las habilidades que se requieren en el mercado laboral. A medida que las máquinas asumen tareas más complejas, los trabajadores deben enfocarse en desarrollar habilidades que las máquinas no pueden replicar fácilmente, como la creatividad, la empatía y el pensamiento crítico. Los empleados del futuro deberán estar preparados para colaborar con máquinas inteligentes, lo que requerirá una formación continua y una adaptación constante a las nuevas tecnologías. Pérez (2020) concluye que "en el futuro, las habilidades blandas y la capacidad de aprender de manera continua serán las claves para prosperar en un mundo laboral transformado por la IA y la robótica" (p. 65).

En este extenso viaje a través de la evolución de la relación entre humanos y máquinas, desde los primeros pasos con herramientas rudimentarias hasta la convergencia actual con la inteligencia artificial y la robótica, se vislumbra un panorama de cambio, innovación y desafíos sin igual. La historia de esta interacción ha estado marcada por momentos clave en los que la tecnología ha transformado la manera en que trabajamos y vivimos. A medida que las tecnologías continúan avanzando, es probable que la relación entre humanos y máquinas siga evolucionando, planteando nuevos retos y oportunidades que definirán el futuro del trabajo.

1.5. Ética y desafíos en la colaboración con máquinas inteligentes

El avance de la inteligencia artificial (IA) y las máquinas inteligentes ha planteado una serie de cuestiones éticas, especialmente en el ámbito laboral y de las relaciones humanas. Estas tecnologías han creado nuevas oportunidades, pero también han generado preocupaciones en torno a la privacidad, la transparencia y la responsabilidad. Según García y Rodríguez (2021), la adopción de sistemas de IA en diversas industrias ha transformado los roles laborales, ya que muchas decisiones se delegan a algoritmos que operan de manera autónoma. Esto lleva a cuestionar la capacidad humana para entender y supervisar estas decisiones, especialmente cuando se aplican en contextos complejos y éticamente sensibles.

Un aspecto fundamental de la colaboración con máquinas inteligentes es la falta de transparencia en los algoritmos, conocidos también como "cajas negras". Esta opacidad dificulta comprender el funcionamiento interno de los sistemas de IA, lo cual genera desconfianza entre los usuarios. López y Sánchez (2020) señalan que, en sectores como el financiero o el de la salud, la falta de transparencia puede tener consecuencias graves, ya que las decisiones que afectan la vida de las personas se basan en criterios que no siempre son explicables o accesibles para los afectados.

La autonomía de las máquinas inteligentes también plantea desafíos relacionados con la responsabilidad y la rendición de cuentas. ¿Quién debe asumir la responsabilidad en caso de errores o daños causados por sistemas de IA? Este tema ha sido ampliamente debatido, y autores como Pérez (2019) argumentan que la responsabilidad debe recaer tanto en los desarrolladores de software como en las organizaciones que implementan estas tecnologías. Sin embargo, esto no siempre es fácil de aplicar en la práctica, ya que las decisiones autónomas de las máquinas pueden diluir la cadena de responsabilidad.

Otra cuestión ética relevante es la privacidad y el manejo de datos personales. Los sistemas de IA suelen requerir grandes volúmenes de datos para funcionar de manera efectiva, lo que implica una recolección y análisis constante de información personal. Como señalan Fernández y Martínez (2021), este proceso plantea riesgos significativos en términos de privacidad, especialmente cuando las organizaciones no implementan salvaguardas adecuadas para proteger los datos de los usuarios. En este sentido, la ética en la recolección y gestión de datos se convierte en un aspecto crucial para garantizar la confianza pública en estas tecnologías.

La discriminación algorítmica es otro desafío ético significativo. La IA puede perpetuar o incluso amplificar los sesgos humanos presentes en los datos de entrenamiento. De acuerdo con López (2022), cuando los sistemas de IA se entrenan con datos históricos que reflejan prejuicios o desigualdades, pueden tomar decisiones que refuercen estos patrones, afectando a ciertos grupos de manera desproporcionada. En el ámbito laboral, por ejemplo, esto puede conducir a decisiones de contratación injustas o a sesgos en la evaluación del rendimiento de los empleados.

La dependencia tecnológica y la posible pérdida de habilidades humanas son también puntos de discusión en esta colaboración con máquinas inteligentes. Algunos expertos, como González y Ruiz (2020), advierten que la automatización puede llevar a la deshumanización del trabajo y a la pérdida de habilidades importantes, ya que las personas dejan de realizar ciertas tareas al delegarlas a máquinas. Este fenómeno puede reducir la creatividad y la capacidad de resolución de problemas, habilidades esenciales en la era digital.

Un aspecto que también preocupa es el impacto de las máquinas inteligentes en la autonomía humana. Cuando las decisiones clave son tomadas por sistemas autónomos, los trabajadores pueden experimentar una sensación de pérdida de control sobre sus propias funciones. Según los estudios de Ramírez (2018), esto puede afectar negativamente la motivación y el compromiso de los empleados, especialmente en sectores donde la interacción humana es fundamental. La ética en la colaboración humano-máquina debe incluir la preservación de la autonomía individual como un principio esencial.

En términos de seguridad, la implementación de máquinas inteligentes plantea riesgos que no siempre son fácilmente anticipables. La complejidad de los sistemas de IA y su capacidad para aprender y adaptarse pueden hacer que algunos comportamientos sean impredecibles. Ortega y Morales (2022) señalan que, en sectores críticos como la aviación o la medicina, es esencial contar con protocolos que permitan a los humanos intervenir y corregir errores en situaciones de emergencia.

El dilema entre eficiencia y ética es otro tema relevante en la colaboración con IA. Mientras que las máquinas pueden realizar tareas de manera más rápida y precisa que los humanos, existen dudas sobre la idoneidad de delegar todas las decisiones a algoritmos, especialmente cuando se trata de aspectos que involucran juicios de valor. Como menciona Herrera (2019), la eficiencia tecnológica no siempre debería prevalecer sobre la ética, y es importante establecer límites para garantizar que las decisiones de las máquinas respeten los valores y derechos humanos.

Finalmente, el futuro de la relación entre humanos y máquinas requiere una regulación adecuada para abordar estos desafíos éticos. Legisladores y expertos en tecnología deben colaborar para crear marcos legales que definan los límites de la autonomía de las máquinas y establezcan pautas para la transparencia y responsabilidad. Según Vega (2020), un marco regulador claro podría ayudar a mitigar muchos de los riesgos éticos actuales y contribuir a una colaboración más equitativa y segura entre humanos y máquinas inteligentes.

La automatización y la transformación de los procesos laborales
2

Capítulo 2: La automatización y la transformación de los procesos laborales

La automatización es uno de los principales impulsores en la transformación organizacional moderna. A medida que las empresas adoptan tecnologías avanzadas para mejorar la eficiencia y reducir costos, los procesos laborales han experimentado cambios profundos, eliminando tareas repetitivas y permitiendo a los empleados concentrarse en actividades de mayor valor. Como explican los economistas Acemoglu y Restrepo (2020), "la automatización ha facilitado que las organizaciones optimicen sus flujos de trabajo, lo que ha resultado en una mayor productividad y precisión en la ejecución de tareas rutinarias" (p. 85). Este proceso no solo afecta a las industrias manufactureras, donde la automatización ha sido común durante décadas, sino también a sectores como los servicios y las finanzas, donde las tecnologías digitales han reconfigurado profundamente sus operaciones.

La automatización no es un fenómeno reciente. Desde la Revolución Industrial, las máquinas han reemplazado gradualmente el trabajo manual en muchos sectores. Sin embargo, la diferencia con las oleadas anteriores de automatización es que las tecnologías actuales, como la inteligencia artificial (IA), el aprendizaje automático y la robótica avanzada, pueden realizar tareas cognitivas que antes eran exclusivas de los humanos. Esto ha generado tanto entusiasmo como preocupación, ya que mientras que algunos ven en la automatización una oportunidad para liberar a los trabajadores de tareas tediosas, otros temen que el avance tecnológico pueda desplazar a gran parte de la fuerza laboral (Bessen, 2019).

El impacto de la automatización en los procesos laborales es vasto y multifacético. En primer lugar, la automatización ha permitido a las empresas rediseñar sus procesos de negocio para maximizar la eficiencia. En lugar de depender de la intervención humana para completar tareas repetitivas y propensas a errores, las máquinas pueden realizarlas de manera más rápida y consistente. Esto ha llevado a la creación de formas de trabajo más ágiles y adaptativas, capaces de responder a las rápidas demandas del mercado y mejorar la eficiencia empresarial (Brynjolfsson & McAfee, 2017).

Capítulo 2: La automatización y la transformación de los procesos laborales

A medida que las empresas adoptan tecnologías automatizadas, también se redefinen los roles humanos en el lugar de trabajo. Si bien la automatización elimina algunas funciones, también crea nuevas oportunidades para los empleados, quienes deben asumir responsabilidades más estratégicas y creativas. Según Frey y Osborne (2017), "aunque la automatización eliminará algunos trabajos, también creará nuevos roles que requerirán habilidades humanas únicas, como el análisis crítico, la resolución de problemas complejos y la gestión de sistemas automatizados" (p. 258). Este cambio en la dinámica del trabajo plantea importantes desafíos para la capacitación y el desarrollo profesional.

Además, la automatización ha traído consigo el desarrollo de herramientas tecnológicas especializadas que permiten a las empresas mejorar sus operaciones. Desde los sistemas de planificación de recursos empresariales (ERP) hasta los robots colaborativos (cobots), estas tecnologías están transformando sectores tan diversos como la manufactura, los servicios financieros y la atención al cliente. La adopción de estas herramientas ha facilitado la implementación de modelos de negocio más ágiles y eficientes (Autor & Dorn, 2013).

Sin embargo, la implementación de tecnologías automatizadas no está exenta de desafíos. Las empresas enfrentan múltiples barreras, desde los costos iniciales de inversión hasta la resistencia al cambio por parte del personal. Según Bessen (2019), "las organizaciones que desean adoptar la automatización deben superar obstáculos técnicos, financieros y culturales para garantizar una transición exitosa" (p. 64). Además, la integración de nuevas tecnologías representa un reto significativo, que demanda una cuidadosa planificación y gestión del cambio para minimizar las interrupciones en las operaciones diarias.

Otro aspecto importante de la automatización es su impacto en el bienestar laboral. Si bien la automatización puede reducir la carga de trabajo físico y mental, también puede generar ansiedad entre los empleados preocupados por la seguridad de sus puestos de trabajo. Según Brynjolfsson y McAfee (2017), "la automatización no solo afecta el trabajo en términos de eficiencia, sino también el bienestar psicológico de los empleados, muchos de los cuales experimentan incertidumbre sobre su futuro en un entorno cada vez más automatizado" (p. 193). Estas preocupaciones plantean preguntas importantes sobre cómo las empresas pueden implementar la automatización de manera que beneficie tanto a la organización como a sus empleados.

Este capítulo abordará una exploración detallada de los diversos aspectos de la automatización y su influencia en los procesos laborales. Primero, se analizará cómo la automatización ha transformado los procesos de negocio, eliminando tareas repetitivas y optimizando los flujos de trabajo. Luego, se explorarán los nuevos roles y responsabilidades de los empleados en entornos altamente automatizados. Posteriormente, se abordarán las principales herramientas de automatización en la práctica empresarial, seguidas de un análisis de los retos que enfrentan las empresas al adoptar estas tecnologías. Finalmente, se investigará el impacto de la automatización en el bienestar laboral, evaluando tanto los aspectos positivos como los negativos.

2.1. La automatización y el rediseño de procesos

La automatización ha cambiado radicalmente la forma en que las empresas diseñan sus procesos. En lugar de depender de la intervención manual en cada paso de un flujo de trabajo, las organizaciones pueden ahora automatizar tareas repetitivas, lo que no solo reduce los errores humanos, sino que también aumenta la velocidad y la eficiencia de las operaciones. Según Davenport y Kirby (2016), "la automatización permite a las empresas rediseñar sus flujos de trabajo para ser más eficientes y menos dependientes de la intervención humana en tareas rutinarias" (p. 45).

Uno de los mayores beneficios de la automatización es la posibilidad de eliminar tareas repetitivas, tales como la entrada de datos, el procesamiento de facturas y la gestión de inventarios. Estas actividades, que tradicionalmente requieren una gran cantidad de tiempo y recursos, pueden ser realizadas por sistemas automatizados que no solo ejecutan las tareas más rápido, sino también con mayor precisión. Según Autor (2015), "la automatización de tareas administrativas ha permitido a las empresas reducir significativamente sus costos operativos y mejorar la precisión de sus procesos" (p. 8).

La automatización también ha permitido a las empresas optimizar sus flujos de trabajo mediante la implementación de sistemas que gestionan y coordinan las actividades de manera más eficiente. Herramientas como los sistemas de gestión de procesos empresariales (BPM) permiten a las organizaciones modelar y automatizar sus procesos de negocio, lo que facilita la estandarización y la mejora continua. Según van der Aalst (2016), "los sistemas BPM han sido fundamentales para permitir a las empresas optimizar sus procesos a través de la automatización, eliminando cuellos de botella y mejorando la coordinación entre departamentos" (p. 27).

Además, la automatización ha permitido a las empresas implementar modelos de negocio más ágiles y flexibles. En lugar de depender de procesos rígidos y lineales, las empresas pueden ahora reaccionar rápidamente a los cambios en el mercado o en la demanda del cliente, ajustando rápidamente sus procesos automatizados. Según McAfee y Brynjolfsson (2017), "la automatización ha permitido a las empresas adoptar un enfoque más flexible y ágil en la gestión de sus operaciones, lo que les permite responder mejor a las demandas cambiantes del mercado" (p. 115).

Un ejemplo claro de la automatización en el rediseño de procesos es la industria manufacturera. Las líneas de ensamblaje automatizadas, que alguna vez fueron operadas exclusivamente por humanos, ahora están controladas principalmente por robots industriales. Estos robots no solo pueden ensamblar productos con una precisión mucho mayor que los humanos, sino que también pueden trabajar las 24 horas del día sin necesidad de descanso. Según Bessen (2019), "la automatización en la manufactura ha permitido a las empresas mejorar la eficiencia de sus líneas de producción, lo que ha resultado en una reducción de costos y un aumento en la productividad" (p. 76).

El sector de servicios también ha sido profundamente transformado por la automatización. Las tecnologías de automatización robótica de procesos (RPA, por sus siglas en inglés) han permitido a las empresas de servicios financieros, por ejemplo, automatizar tareas repetitivas como la verificación de transacciones, la gestión de cuentas y la generación de informes financieros. Según Willcocks, Lacity y Craig (2015), "la RPA ha permitido a las empresas de servicios automatizar un gran número de tareas administrativas, lo que ha mejorado significativamente la eficiencia y la precisión de sus operaciones" (p. 38).

Otro sector que ha experimentado una transformación significativa es el de la logística. La introducción de sistemas automatizados de gestión de almacenes y vehículos autónomos ha permitido a las empresas optimizar sus cadenas de suministro y reducir los costos de transporte. Según Wamba et al. (2015), "la automatización en la logística ha mejorado la eficiencia en la gestión de inventarios y el transporte, lo que ha permitido a las empresas reducir los tiempos de entrega y mejorar la satisfacción del cliente" (p. 104).

La automatización también ha permitido a las empresas recopilar y analizar grandes cantidades de datos en tiempo real, lo que ha mejorado la toma de decisiones. Los sistemas de análisis de datos automatizados pueden identificar patrones y tendencias en los datos, lo que permite a las empresas ajustar sus operaciones de manera más efectiva. Según Davenport y Kirby (2016), "el análisis de datos automatizado ha permitido a las empresas tomar decisiones más informadas y basadas en datos, lo que ha mejorado su capacidad para competir en mercados dinámicos" (p. 94).

En algunos sectores, la automatización ha llevado a una completa reorganización de los procesos de negocio. Por ejemplo, en la industria del software, la automatización de pruebas y la implementación continua han permitido a las empresas desarrollar y lanzar productos más rápidamente, sin sacrificar la calidad. Según Bass, Weber y Zhu (2015), "la automatización en el desarrollo de software ha permitido a las empresas reducir los tiempos de desarrollo y mejorar la calidad de sus productos" (p. 58).

En resumen, la automatización ha transformado los procesos de negocio, permitiendo a las empresas eliminar tareas repetitivas, optimizar flujos de trabajo y mejorar la toma de decisiones. Esta transformación ha sido posible gracias a tecnologías avanzadas como la RPA, los sistemas BPM y el análisis de datos automatizado, que han permitido a las organizaciones operar de manera más ágil y eficiente.

2.2. Roles humanos en entornos altamente automatizados

La creciente adopción de la automatización ha transformado no solo los procesos, sino también los roles y responsabilidades de los empleados dentro de las organizaciones. En lugar de realizar tareas repetitivas y de bajo valor, los trabajadores hoy en día se ven obligados a asumir roles más estratégicos y creativos que complementen las capacidades de las máquinas automatizadas. Según Frey y Osborne (2017), "la automatización ha desplazado muchas tareas manuales, pero ha creado nuevos roles que requieren habilidades humanas únicas, como el pensamiento crítico, la innovación y la gestión de sistemas automatizados" (p. 263).

Uno de los principales cambios en los roles humanos es la necesidad de una mayor supervisión y gestión de las máquinas automatizadas. Los empleados ya no son los encargados de realizar cada tarea de manera manual; en su lugar, deben supervisar el rendimiento de las máquinas y asegurarse de que las operaciones se ejecuten sin problemas. Según Brynjolfsson y McAfee (2017), "los trabajadores en entornos altamente automatizados ahora deben desempeñar funciones de supervisión y mantenimiento, asegurándose de que las máquinas funcionen de manera óptima" (p. 203).

Además, la automatización ha impulsado la demanda de habilidades técnicas y digitales. Los empleados deben estar capacitados para trabajar con herramientas de automatización, comprender los principios del análisis de datos y tener una comprensión básica de cómo funcionan los algoritmos y la inteligencia artificial. Según Bessen (2019), "a medida que las empresas adoptan tecnologías más avanzadas, los empleados deben adquirir nuevas habilidades técnicas para mantenerse relevantes en el mercado laboral" (p. 98).

El papel de la creatividad también ha cobrado mayor importancia en los entornos automatizados. Las máquinas pueden realizar tareas repetitivas con gran eficiencia, pero aún dependen de los humanos para el desarrollo de nuevas ideas, la innovación de productos y la resolución de problemas complejos. Según Autor (2015), "la creatividad es una habilidad que las máquinas aún no pueden replicar, lo que convierte a los empleados creativos en activos clave en las organizaciones automatizadas" (p. 17).

Otro cambio importante es la creciente importancia de las habilidades sociales y emocionales en los entornos laborales automatizados. A medida que las máquinas asumen tareas técnicas, los empleados deben enfocarse en la gestión de equipos, la comunicación efectiva y la colaboración, habilidades que son difíciles de replicar mediante la automatización. Según Deming (2017), "las habilidades interpersonales y sociales son cada vez más valiosas en un mundo laboral donde las tareas técnicas están siendo automatizadas" (p. 23).

El surgimiento de la automatización también ha llevado a la creación de nuevos roles relacionados con la gestión y el desarrollo de las tecnologías automatizadas. Los ingenieros de automatización, los analistas de datos y los desarrolladores de inteligencia artificial son ejemplos de puestos que han ganado relevancia en los últimos años. Según Brynjolfsson y McAfee (2017), "la automatización está creando nuevos empleos que requieren habilidades técnicas avanzadas, como el desarrollo de algoritmos, la ingeniería de sistemas y el análisis de grandes volúmenes de datos" (p. 210).

En los entornos altamente automatizados, los empleados también deben ser más adaptables y estar dispuestos a aprender nuevas habilidades continuamente. A medida que las tecnologías cambian y evolucionan, los roles y responsabilidades de los empleados también deben ajustarse. Según Davenport y Kirby (2016), "los trabajadores en entornos automatizados deben estar dispuestos a aprender y adaptarse a las nuevas tecnologías, ya que los roles laborales seguirán evolucionando con el tiempo" (p. 121).

Otro aspecto crucial es la colaboración entre humanos y máquinas. En lugar de reemplazar completamente a los empleados, las máquinas pueden trabajar junto a ellos, potenciando sus capacidades y permitiéndoles concentrarse en tareas de mayor valor. Según Bessen (2019), "la verdadera ventaja de la automatización no es desplazar a los trabajadores, sino permitirles colaborar con las máquinas para lograr mejores resultados" (p. 132).

La automatización también ha cambiado la forma en que se mide el desempeño de los empleados. En lugar de evaluar a los trabajadores en función de su capacidad para completar tareas repetitivas, las empresas ahora valoran habilidades como la resolución de problemas, la toma de decisiones informadas y la capacidad de gestionar sistemas complejos. Según Frey y Osborne (2017), "las métricas de desempeño en los entornos automatizados se han desplazado hacia habilidades cognitivas y de gestión, en lugar de la mera capacidad técnica" (p. 271).

Además, la automatización ha impulsado la necesidad de una mayor colaboración interdisciplinaria. Los empleados deben trabajar en estrecha colaboración con los departamentos de tecnología para garantizar que los sistemas automatizados se implementen y gestionen de manera efectiva. Según Brynjolfsson y McAfee (2017), "la colaboración entre los equipos técnicos y no técnicos es crucial para el éxito de la automatización en las organizaciones" (p. 218).

En resumen, los roles humanos en entornos altamente automatizados han cambiado significativamente. Los empleados han pasado de realizar tareas manuales a asumir roles más estratégicos y creativos, lo que requiere habilidades técnicas, sociales y cognitivas avanzadas. Este cambio plantea tanto desafíos como oportunidades para los trabajadores, quienes deben adaptarse a las nuevas demandas del entorno laboral automatizado.

2.3.Herramientas de automatización en la práctica empresarial

La automatización en el mundo empresarial ha avanzado significativamente, impulsada por el desarrollo de herramientas tecnológicas que permiten a las empresas optimizar sus operaciones. Estas herramientas no solo se limitan a la manufactura, donde la automatización ha jugado un papel clave durante décadas, sino que también han transformado sectores como los servicios y las finanzas. En cada uno de estos sectores, diversas tecnologías han sido fundamentales para lograr una mayor eficiencia y reducir los errores humanos, lo que ha resultado en un aumento significativo de la productividad.

En el sector de servicios, la Automatización Robótica de Procesos (RPA) ha revolucionado la manera en que las empresas gestionan tareas repetitivas y basadas en reglas. La RPA permite a los robots de software realizar actividades como la entrada de datos, la verificación de documentos y la gestión de correos electrónicos. Según Willcocks, Lacity y Craig

(2015), "la RPA ha permitido a las empresas de servicios automatizar tareas administrativas, lo que ha mejorado la eficiencia y reducido los tiempos de procesamiento" (p. 41). Esto ha sido particularmente útil en sectores como la atención al cliente, donde los chatbots y los asistentes virtuales han asumido gran parte de las consultas básicas, liberando a los empleados para que se concentren en problemas más complejos.

Por otro lado, en la manufactura, los robots industriales han sido una herramienta esencial en la automatización de líneas de ensamblaje. Estos robots, capaces de trabajar las 24 horas del día sin necesidad de descanso, han permitido a las empresas aumentar la producción y reducir los costos asociados con la mano de obra humana. Según Bessen (2019), "la automatización en la manufactura ha permitido a las empresas mejorar la eficiencia y reducir los costos operativos" (p. 89). Además, la introducción de robots colaborativos o cobots ha facilitado la integración de humanos y máquinas en el mismo entorno de trabajo, permitiendo una mayor flexibilidad en las operaciones.

En el ámbito de finanzas, la automatización ha sido impulsada por el uso de plataformas de trading automatizado y sistemas de inteligencia artificial para la gestión de carteras y la toma de decisiones de inversión. Estas plataformas son capaces de analizar grandes cantidades de datos en tiempo real, lo que les permite identificar oportunidades de inversión y ejecutar transacciones de manera más rápida y eficiente que los humanos. Según Frey y Osborne (2017), "la automatización en el sector financiero ha transformado la forma en que se realizan las transacciones, mejorando tanto la velocidad como la precisión de las operaciones" (p. 261).

Otra herramienta clave en la automatización empresarial es el software de planificación de recursos empresariales (ERP). Estos sistemas permiten a las empresas gestionar sus operaciones diarias de manera integrada, automatizando procesos como la producción, la logística y la contabilidad. Según Davenport y Kirby (2016), "los sistemas ERP han sido fundamentales para mejorar la eficiencia operativa, permitiendo a las empresas integrar y automatizar sus procesos de negocio" (p. 77). Esto ha sido particularmente útil para las grandes corporaciones que manejan múltiples líneas de negocio y necesitan una visión centralizada de sus operaciones.

Capítulo 2: La automatización y la transformación de los procesos laborales

En el sector de servicios financieros, la inteligencia artificial (IA) ha ganado protagonismo. Las IA no solo permiten la automatización de procesos, sino que también pueden analizar grandes volúmenes de datos en tiempo real, lo que ayuda a las empresas a realizar predicciones más precisas sobre el comportamiento del mercado. Según Brynjolfsson y McAfee (2017), "la IA ha permitido a las empresas mejorar la toma de decisiones y reducir el riesgo en las operaciones financieras" (p. 137).

La automatización de la logística también ha sido una tendencia creciente, con la introducción de sistemas de gestión de almacenes automatizados y vehículos autónomos que permiten optimizar la cadena de suministro. Estos sistemas no solo mejoran la eficiencia operativa, sino que también permiten a las empresas reducir los tiempos de entrega y mejorar la satisfacción del cliente. Según Wamba et al. (2015), "la automatización en la logística ha permitido a las empresas gestionar sus inventarios de manera más eficiente, lo que ha resultado en una reducción significativa de los costos operativos" (p. 104).

En el ámbito del comercio electrónico, la automatización ha jugado un papel crucial en la gestión de inventarios y la optimización de los procesos de envío. Los sistemas de gestión de almacenes automatizados permiten a las empresas procesar pedidos de manera más rápida y precisa, lo que ha resultado en una mejora significativa en la experiencia del cliente. Según Davenport y Kirby (2016), "la automatización en el comercio electrónico ha permitido a las empresas mejorar la eficiencia de sus operaciones logísticas, lo que ha resultado en una mayor satisfacción del cliente" (p. 94).

Los sistemas de análisis de datos también son una herramienta clave en la automatización empresarial. Estos sistemas permiten a las empresas recopilar y analizar grandes cantidades de datos en tiempo real, lo que les ayuda a tomar decisiones más informadas y a identificar oportunidades de mejora en sus procesos operativos. Según van der Aalst (2016), "la automatización del análisis de datos ha permitido a las empresas tomar decisiones más rápidas y basadas en información precisa" (p. 64).

Por último, la automatización del marketing ha permitido a las empresas mejorar su relación con los clientes a través de la personalización de las interacciones y la optimización de las campañas publicitarias. Herramientas como los sistemas CRM (Customer Relationship Management) permiten automatizar la gestión de las relaciones con los clientes, lo que mejora la eficiencia y permite una mayor personalización de los servicios. Según Brynjolfsson y McAfee (2017), "la automatización del marketing ha permitido a las empresas personalizar sus interacciones con los clientes, lo que ha resultado en una mayor lealtad y satisfacción" (p. 115).

En resumen, las herramientas de automatización en la práctica empresarial han transformado la forma en que las empresas operan, mejorando la eficiencia, reduciendo los costos y permitiendo una mayor agilidad en la toma de decisiones. Desde la RPA en los servicios hasta los robots industriales en la manufactura y las plataformas de trading automático en las finanzas, la automatización está redefiniendo el panorama empresarial.

2.4. Retos en la implementación de la automatización

A pesar de los beneficios evidentes que la automatización trae a las empresas, su implementación no está exenta de desafíos. Las organizaciones que buscan adoptar tecnologías automatizadas enfrentan una serie de barreras que van desde los altos costos iniciales hasta la resistencia al cambio por parte de los empleados. Identificar y superar estos obstáculos es fundamental para garantizar un proceso de automatización exitoso.

Uno de los principales desafíos en la implementación de la automatización es el costo inicial de inversión. Las tecnologías automatizadas, como los robots industriales o los sistemas ERP, requieren una inversión significativa tanto en hardware como en software. Según Bessen (2019), "los altos costos de implementación son una barrera importante para muchas empresas, especialmente para las pequeñas y medianas que no tienen el capital necesario para realizar este tipo de inversiones" (p. 64). Además, la automatización también puede implicar costos adicionales relacionados con la capacitación del personal y la integración de los nuevos sistemas con los procesos existentes.

Otro desafío importante es la resistencia al cambio por parte de los empleados. Muchos trabajadores temen que la automatización pueda poner en peligro sus puestos de trabajo, lo que genera ansiedad y resistencia a las nuevas tecnologías. Según Brynjolfsson y McAfee (2017), "la resistencia al cambio es uno de los mayores obstáculos para la adopción de tecnologías automatizadas, ya que los empleados temen que sus habilidades se vuelvan obsoletas" (p. 193). Para superar este desafío, es crucial que las empresas implementen programas de capacitación y comunicación que ayuden a los empleados a entender los beneficios de la automatización y a desarrollar nuevas habilidades.

Además, la falta de capacitación adecuada es otra barrera importante. La adopción de tecnologías automatizadas requiere que los empleados adquieran nuevas habilidades técnicas, lo que puede ser un proceso costoso y que lleva tiempo. Según Davenport y Kirby (2016), "la falta de habilidades técnicas entre los empleados es una barrera significativa para la implementación de la automatización, ya que las empresas deben invertir en programas de capacitación para garantizar que los trabajadores puedan operar y mantener los nuevos sistemas" (p. 121).

La complejidad técnica también puede ser un obstáculo para la implementación de tecnologías automatizadas. Las empresas deben asegurarse de que los sistemas automatizados se integren sin problemas con sus procesos y sistemas existentes. Según Frey y Osborne (2017), "la integración de sistemas automatizados puede ser un proceso complejo, especialmente en empresas que dependen de sistemas heredados que no son compatibles con las nuevas tecnologías" (p. 258). Este desafío puede requerir la actualización de infraestructuras tecnológicas y la contratación de expertos en automatización para garantizar una implementación exitosa.

Otro reto importante es la ciberseguridad. A medida que las empresas adoptan tecnologías automatizadas, también se vuelven más vulnerables a los ciberataques. Los sistemas automatizados, que a menudo dependen de redes interconectadas, pueden ser objetivos atractivos para los hackers. Según Willcocks, Lacity y Craig (2015), "la ciberseguridad es una preocupación creciente para las empresas que implementan tecnologías automatizadas, ya que cualquier vulnerabilidad en los sistemas puede ser explotada por los atacantes" (p. 77). Para mitigar este riesgo, las empresas deben invertir en medidas de seguridad robustas, como el cifrado de datos y la autenticación multifactor.

Otro desafío relacionado con la automatización es la disrupción de las operaciones durante la fase de implementación. Las empresas que adoptan nuevas tecnologías automatizadas a menudo experimentan una interrupción en sus procesos mientras los nuevos sistemas se integran y ajustan. Según McAfee y Brynjolfsson (2017), "la transición a sistemas automatizados puede causar interrupciones temporales en las operaciones, lo que puede afectar la productividad y generar costos adicionales" (p. 103). Para minimizar las interrupciones, es crucial que las empresas planifiquen cuidadosamente la implementación y realicen pruebas exhaustivas antes de poner en marcha los sistemas automatizados.

La falta de estandarización en las tecnologías de automatización también puede ser un obstáculo. Con una amplia variedad de herramientas y plataformas disponibles en el mercado, elegir la tecnología adecuada puede ser un desafío para las empresas. Según van der Aalst (2016), "la falta de estandarización en las tecnologías de automatización dificulta la selección de las herramientas adecuadas para las necesidades específicas de cada empresa" (p. 27). Por lo tanto, es esencial que las organizaciones realicen una evaluación exhaustiva de sus necesidades antes de invertir en tecnología.

Otro reto que enfrentan las empresas es la falta de apoyo regulatorio. En algunos sectores, la adopción de tecnologías automatizadas puede estar limitada por regulaciones estrictas que no se han adaptado a los avances tecnológicos. Según Frey y Osborne (2017), "las regulaciones desactualizadas pueden ser un obstáculo importante para la implementación de la automatización, especialmente en sectores como la salud y las finanzas" (p. 263). Las empresas deben trabajar en colaboración con los reguladores para garantizar que las normativas se adapten a la realidad tecnológica actual.

Además, la falta de una visión estratégica clara puede ser un desafío importante. Muchas empresas se apresuran a adoptar tecnologías automatizadas sin una estrategia clara, lo que puede resultar en una implementación fragmentada y una falta de alineación con los objetivos empresariales. Según Bessen (2019), "la automatización debe ser vista como parte de una estrategia empresarial más amplia, en lugar de una solución aislada" (p. 98). Para superar este desafío, las empresas deben desarrollar una visión clara y establecer objetivos específicos antes de implementar tecnologías automatizadas.

Finalmente, la gestión del cambio es un aspecto crucial en la implementación de la automatización. Las empresas deben gestionar cuidadosamente el proceso de transición para garantizar que los empleados estén comprometidos y que las operaciones no se vean afectadas negativamente. Según Davenport y Kirby (2016), "una gestión del cambio efectiva es clave para garantizar una transición fluida hacia la automatización y minimizar la resistencia de los empleados" (p. 121).

En conclusión, la implementación de tecnologías automatizadas presenta una serie de desafíos para las empresas, desde los altos costos iniciales hasta la resistencia al cambio por parte de los empleados. Sin embargo, con una planificación cuidadosa, una capacitación adecuada y una gestión efectiva del cambio, las organizaciones pueden superar estos obstáculos y aprovechar los beneficios de la automatización.

2.5. La automatización y su impacto en el bienestar laboral

El impacto de la automatización en el bienestar de los empleados es un tema que ha suscitado amplios debates en los últimos años. Si bien la automatización puede mejorar las condiciones laborales al reducir las tareas repetitivas y peligrosas, también puede generar ansiedad y estrés entre los empleados que temen perder sus empleos o ver sus habilidades obsoletas. Este subcapítulo explora tanto los aspectos positivos como negativos de la automatización en el bienestar laboral.

Uno de los principales beneficios de la automatización es la reducción de tareas repetitivas que, en muchos casos, son monótonas y agotadoras tanto física como mentalmente. Según Brynjolfsson y McAfee (2017), "la automatización ha liberado a los empleados de tareas rutinarias, permitiéndoles concentrarse en actividades más creativas y gratificantes" (p. 137).

Esto no solo mejora la productividad, sino que también puede aumentar la satisfacción laboral, ya que los empleados sienten que están contribuyendo de manera más significativa a la organización.

Además, la automatización puede mejorar la seguridad laboral al eliminar tareas peligrosas que antes debían ser realizadas por los empleados. En sectores como la manufactura y la minería, los robots pueden asumir trabajos que implican riesgos físicos, lo que reduce la incidencia de accidentes laborales. Según Frey y Osborne (2017), "la automatización en entornos peligrosos ha reducido significativamente el número de accidentes laborales, mejorando así el bienestar de los empleados" (p. 263).

Otro aspecto positivo de la automatización es la flexibilidad laboral. Con la implementación de tecnologías automatizadas, muchos empleados tienen la posibilidad de trabajar de manera remota o en horarios más flexibles, lo que les permite equilibrar mejor sus responsabilidades laborales y personales. Según Davenport y Kirby (2016), "la automatización ha permitido a las empresas ofrecer opciones de trabajo más flexibles, lo que ha mejorado la calidad de vida de los empleados" (p. 94). Esta flexibilidad puede ser particularmente beneficiosa para los empleados que tienen responsabilidades familiares o que prefieren trabajar en un entorno no tradicional.

Sin embargo, la automatización también puede tener efectos negativos en el bienestar de los empleados. Uno de los mayores problemas es la ansiedad sobre el futuro laboral. A medida que las máquinas y los algoritmos asumen más tareas, muchos empleados temen que sus empleos puedan ser reemplazados por la tecnología. Según Bessen (2019), "la incertidumbre sobre la seguridad laboral es una de las principales preocupaciones entre los empleados en entornos altamente automatizados" (p. 64). Esta ansiedad puede afectar negativamente la salud mental de los trabajadores, lo que a su vez puede reducir su motivación y productividad.

Además, la automatización puede generar una sensación de alienación entre los empleados, especialmente aquellos que ven sus tareas reducidas a la supervisión de máquinas. Según Frey y Osborne (2017), "la automatización puede hacer que los empleados se sientan desconectados de su trabajo, ya que las tareas que antes realizaban de manera activa son ahora gestionadas por máquinas" (p. 258). Esta alienación puede afectar negativamente la moral y el compromiso de los empleados con la organización.

Otro aspecto negativo es el estrés asociado con la adaptación a nuevas tecnologías. A medida que las empresas adoptan tecnologías automatizadas, los empleados deben aprender nuevas habilidades técnicas para operar y mantener los sistemas. Según Brynjolfsson y McAfee (2017), "la necesidad de adquirir nuevas habilidades puede generar estrés entre los empleados, especialmente aquellos que no están familiarizados con la tecnología" (p. 193). Este estrés puede ser particularmente agudo entre los empleados de más edad, quienes pueden sentirse menos capacitados para adaptarse a las nuevas exigencias del puesto de trabajo.

La falta de control sobre el trabajo es otro problema que puede surgir a medida que las empresas automatizan sus operaciones. En algunos casos, los empleados sienten que han perdido el control sobre su trabajo, ya que las decisiones importantes son tomadas por algoritmos o sistemas automatizados. Según Davenport y Kirby (2016), "la automatización puede hacer que los empleados sientan que tienen menos autonomía en su trabajo, lo que puede afectar negativamente su bienestar emocional" (p. 121).

A pesar de estos desafíos, las empresas pueden tomar medidas para mitigar los efectos negativos de la automatización en el bienestar de los empleados. Una de las estrategias más efectivas es la capacitación continua. Según Willcocks, Lacity y Craig (2015), "la capacitación en nuevas habilidades es fundamental para ayudar a los empleados a adaptarse a los entornos automatizados y reducir la ansiedad sobre la seguridad laboral" (p. 77). Al ofrecer programas de capacitación, las empresas pueden empoderar a los empleados para que se sientan más seguros en sus roles y más preparados para enfrentar los cambios tecnológicos.

Otra estrategia importante es la comunicación abierta y transparente. Según McAfee y Brynjolfsson (2017), "las empresas que adoptan tecnologías automatizadas deben mantener una comunicación abierta con sus empleados para abordar sus preocupaciones y garantizar que comprendan los beneficios de la automatización" (p. 203). Esto puede ayudar a reducir la ansiedad y fomentar una cultura organizacional más positiva.

Además, las empresas deben involucrar a los empleados en el proceso de automatización. Según Brynjolfsson y McAfee (2017), "cuando los empleados participan en la implementación de tecnologías automatizadas, es más probable que se sientan comprometidos y valorados por la organización" (p. 218). Esto no solo mejora el bienestar de los empleados, sino que también puede contribuir al éxito de la automatización, ya que los empleados pueden proporcionar información valiosa sobre cómo optimizar los procesos.Conclusión del Capítulo

La automatización ha transformado de manera profunda los sectores de servicios, manufactura y finanzas, impulsando mejoras significativas en eficiencia, precisión y seguridad. Sin embargo, su implementación presenta retos diversos que incluyen la resistencia al cambio, problemas técnicos y desafíos regulatorios. A medida que las empresas avanzan en la adopción de estas tecnologías, es fundamental que implementen estrategias para minimizar su impacto negativo en el bienestar laboral, adaptando sus prácticas para maximizar el valor de las herramientas automatizadas y garantizar un entorno laboral positivo

La
Inteligencia
artificial y su impacto
en la ingenieriá
del Trabajo
3

Capítulo 3: La inteligencia artificial y su impacto en la ingeniería del trabajo.

Actualmente, la inteligencia artificial (IA) se considera una de las tecnologías más disruptivas en el campo de la ingeniería del trabajo, transformando la gestión, optimización y ejecución de procesos industriales y organizacionales de manera sin precedentes. Esta revolución tecnológica, caracterizada por el desarrollo de algoritmos de aprendizaje profundo y de máquinas que pueden aprender de la experiencia, ha abierto nuevas posibilidades en la automatización, el análisis predictivo y la toma de decisiones en tiempo real. La ingeniería del trabajo, un campo tradicionalmente enfocado en mejorar la eficiencia y la productividad a través de la optimización de procesos y la gestión de recursos, ha encontrado en la IA un aliado para llevar a cabo tareas con un nivel de precisión, rapidez y adaptabilidad sin precedentes (Brynjolfsson y McAfee, 2014).

Tradicionalmente, la ingeniería del trabajo se ha basado en técnicas como el análisis de tiempos y movimientos, el diseño de estaciones de trabajo y la optimización de recursos. Sin embargo, con el avance de la IA, muchas de estas metodologías han sido complementadas o sustituidas por tecnologías que permiten un análisis más exhaustivo y en tiempo real de grandes volúmenes de datos. Hoy, la IA permite que los ingenieros desarrollen sistemas avanzados que optimizan el rendimiento, anticipan fallas, sugieren mejoras, y se ajustan a condiciones cambiantes de forma autónoma. En este sentido, la IA amplía significativamente el alcance y el impacto de la ingeniería del trabajo, transformando el enfoque de optimización estático en uno más dinámico y adaptativo (Daugherty Wilson, 2018).

El impacto de la IA en la ingeniería del trabajo se puede observar en diversas áreas de aplicación. En el ámbito de la manufactura, por ejemplo, la inteligencia artificial facilita la automatización avanzada de procesos y permite una integración más eficiente de los sistemas de producción. A través de la implementación de sensores y el uso de algoritmos de aprendizaje automático, los ingenieros pueden monitorear las operaciones en tiempo real, prever problemas antes de que ocurran y realizar ajustes automáticos para optimizar el rendimiento de las máquinas. Esto no solo mejora la eficiencia, sino que también reduce costos y minimiza el riesgo de fallas costosas en los sistemas (Russell y Norvig, 2021).

Otra área de impacto importante es la toma de decisiones empresariales. La IA ha cambiado la manera de analizar y aplicar datos en decisiones empresariales, logrando procesos de decisión más ágiles y precisos basados en grandes volúmenes de datos y predicciones confiables. A través de algoritmos de aprendizaje profundo, los sistemas de IA pueden analizar patrones complejos en grandes volúmenes de datos y ofrecer recomendaciones basadas en predicciones confiables. Esto es particularmente útil en la ingeniería del trabajo, donde las decisiones sobre la asignación de recursos, la programación de la producción y la gestión de la cadena de suministro requieren un análisis exhaustivo de múltiples variables. Gracias a la IA, estas decisiones pueden tomarse de manera más informada y estratégica, lo que lleva a una optimización general de los recursos y a una mejora de la competitividad organizacional (Frey y Osborne, 2017).

Además, la IA también actúa como asistente en tareas complejas que requieren precisión, tales como el diseño de sistemas, la detección de fallas y la supervisión de la calidad. En lugar de depender únicamente de los conocimientos y experiencia del ingeniero, los sistemas de IA pueden asistir en la realización de análisis técnicos detallados, detectar anomalías en los sistemas y proporcionar soluciones en tiempo real. Este apoyo permite a los ingenieros enfocarse en tareas de mayor valor, como la planificación y la innovación, dejando que la IA gestiona las operaciones de rutina o que requieren un alto grado de precisión. De esta manera, la IA no solo funciona como una herramienta de apoyo, sino también como un sustituto parcial en áreas de alta especialización, mejorando la eficiencia y reduciendo los márgenes de error (Autor et al., 2003).

Finalmente, el impacto de la IA en la productividad y el rendimiento organizacional se ha vuelto evidente en múltiples estudios y casos de éxito que muestran cómo la implementación de IA contribuye a la eficiencia y competitividad de las empresas. La capacidad de la IA para analizar grandes cantidades de datos y realizar ajustes en tiempo real permite que las organizaciones respondan más rápido a los cambios en el entorno y aprovechen las oportunidades de optimización de forma continua. Las mejoras en el rendimiento organizacional son particularmente significativas en sectores intensivos en procesos, como la manufactura, la logística y la salud, donde el uso de IA puede reducir los costos operativos, incrementar la capacidad de producción y mejorar la calidad de los productos y servicios (Acemoglu & Restrepo, 2018).

Sin embargo, a pesar de los beneficios evidentes de la IA en la ingeniería del trabajo, esta tecnología también presenta desafíos importantes. Uno de los mayores retos es la integración de la IA en sistemas organizacionales complejos, que a menudo requieren una infraestructura digital avanzada y personal capacitado para supervisar y ajustar los sistemas de IA. Además, la implementación de la IA plantea preguntas éticas relacionadas con la privacidad de los datos, la seguridad de la información y el impacto en el empleo humano. La automatización impulsada por la IA tiene el potencial de reducir la demanda de ciertos roles tradicionales, lo que plantea desafíos en términos de adaptación y capacitación de la fuerza laboral. A medida que la IA continúa evolucionando y expandiendo su alcance, será fundamental que las organizaciones y los ingenieros encuentren un equilibrio entre la innovación tecnológica y el desarrollo de una fuerza laboral resiliente y adaptable (Brynjolfsson y McAfee, 2014).

La inteligencia artificial representa un cambio de paradigma en la ingeniería del trabajo, ofreciendo una serie de herramientas y capacidades que permiten optimizar procesos, mejorar la toma de decisiones y aumentar la productividad. Sin embargo, para aprovechar al máximo estas ventajas, las organizaciones deben enfrentarse a los retos que plantea la integración de esta tecnología y adoptar enfoques responsables y estratégicos en su implementación. Este capítulo explorará las aplicaciones prácticas de la IA en la ingeniería del trabajo, examinando su rol en la toma de decisiones, su uso en tareas complejas y su impacto en el rendimiento organizacional. Al hacerlo, se pretende ofrecer una visión completa de cómo la inteligencia artificial está remodelando el campo de la ingeniería del trabajo y los desafíos que aún quedan por abordar

3.1 Aplicaciones de la IA en la ingeniería laboral

En el ámbito de la ingeniería del trabajo, la inteligencia artificial ha revolucionado la optimización de recursos, la mejora de procesos y la toma de decisiones precisas y eficientes. Las aplicaciones de IA en este ámbito abarcan desde la gestión de la cadena de suministro y el mantenimiento predictivo de equipos hasta la optimización de procesos en tiempo real y la automatización de tareas repetitivas. Estas tecnologías han ayudado a redefinir los límites de la productividad y la eficiencia, ofreciendo soluciones adaptativas que permiten a las empresas y a los ingenieros mejorar su rendimiento organizacional y reducir costos operativos (Daugherty & Wilson, 2018). A continuación, se examinan algunas de las áreas clave en las que la IA está teniendo un impacto considerable en la ingeniería del trabajo.

Uno de los principales objetivos de la ingeniería del trabajo es optimizar los procesos industriales para lograr un rendimiento máximo con los recursos disponibles. En este sentido, la IA ha desempeñado un papel crucial al permitir a las empresas analizar grandes volúmenes de datos en tiempo real y utilizar esos datos para ajustar y mejorar sus operaciones. A través de algoritmos de aprendizaje automático, las empresas pueden identificar patrones y tendencias en sus procesos de producción que no serían evidentes con métodos tradicionales. Esto permite realizar ajustes precisos en áreas como el consumo de energía, la programación de la producción y la asignación de recursos (Russell & Norvig, 2021).

Por ejemplo, en la manufactura, la IA permite analizar datos en tiempo real, identificando cuellos de botella y anticipando fallos, con lo cual se minimizan los tiempos de inactividad y se mejora la eficiencia operativa. De este modo, las empresas pueden reducir los tiempos de inactividad y aumentar la eficiencia de sus operaciones. Un estudio de caso en la industria automotriz muestra cómo un fabricante utilizó la IA para analizar sus procesos de ensamblaje y reducir los tiempos de producción en un 15% al optimizar el flujo de trabajo y minimizar los tiempos de espera entre estaciones (Brynjolfsson & McAfee, 2014). Este tipo de aplicación es especialmente útil en entornos donde la demanda es variable y se requiere una adaptación rápida para evitar desperdicios y maximizar la utilización de recursos.

El mantenimiento predictivo es una de las aplicaciones de IA más relevantes en la ingeniería del trabajo, ya que permite anticipar fallos en el equipo y tomar medidas preventivas para evitar interrupciones en la producción. A través de sensores instalados en maquinaria y equipos, los sistemas de IA pueden recopilar datos en tiempo real sobre el rendimiento y el estado de los equipos. Estos datos se analizan mediante algoritmos de aprendizaje automático que identifican patrones de comportamiento y alertan a los operadores sobre posibles problemas antes de que ocurran. Esta tecnología permite a las empresas reducir los costos asociados con el mantenimiento reactivo y evitar pérdidas de productividad debido a paradas imprevistas (Frey & Osborne, 2017).

Un ejemplo destacado es el uso de mantenimiento predictivo en la industria de la aviación, donde los sistemas de IA monitorean continuamente el estado de los motores y otros componentes críticos de los aviones. Estos sistemas pueden detectar pequeñas anomalías en el rendimiento de los motores, permitiendo a las aerolíneas programar el mantenimiento antes de que un fallo cause retrasos o represente un riesgo para la seguridad. Este enfoque no solo mejora la seguridad y la confiabilidad, sino que también reduce los costos operativos y permite a las aerolíneas operar de manera más eficiente (Acemoglu & Restrepo, 2018).

La automatización de tareas repetitivas es otra área en la que la IA ha demostrado ser particularmente útil en la ingeniería del trabajo. Mediante el uso de sistemas de IA y robots colaborativos (cobots), las empresas pueden automatizar tareas repetitivas y monótonas, liberando a los trabajadores humanos para que se enfoquen en actividades de mayor valor añadido. Esta automatización no solo aumenta la eficiencia, sino que también mejora la satisfacción laboral al reducir la carga de trabajo físico y mental de los empleados (Daugherty & Wilson, 2018).

En logística y almacenamiento, la IA se integra con robots para realizar tareas como el traslado de materiales y la gestión de inventario, incrementando la precisión y reduciendo los tiempos de procesamiento en cada operación. Amazon, por ejemplo, ha implementado robots en sus centros de distribución para reducir el tiempo que los trabajadores pasan moviendo mercancías de un lugar a otro. Estos robots funcionan de manera autónoma y colaboran con los empleados humanos para completar tareas de manera más rápida y eficiente, lo que permite a la empresa reducir los tiempos de procesamiento y mejorar la satisfacción del cliente (Frey & Osborne, 2017).

La inteligencia artificial también ha revolucionado la gestión de la cadena de suministro, una función esencial en la ingeniería del trabajo que implica coordinar la producción, el almacenamiento y la distribución de productos. Los sistemas de IA permiten a las empresas analizar datos de toda la cadena de suministro y optimizar la logística para reducir los tiempos de entrega y minimizar los costos. A través del uso de algoritmos de aprendizaje automático, las empresas pueden prever la demanda, planificar el inventario y gestionar las rutas de distribución de manera más eficiente (Russell & Norvig, 2021).

Por ejemplo, en la industria minorista, los sistemas de IA pueden predecir la demanda de productos en función de patrones históricos de ventas, factores estacionales y otros datos relevantes. Esto permite a las empresas ajustar su inventario y evitar tanto el exceso como la escasez de productos, optimizando así los costos de almacenamiento y aumentando la disponibilidad de los productos para el consumidor. Empresas como Walmart y Target utilizan IA para gestionar sus cadenas de suministro de manera eficiente, reduciendo los costos logísticos y mejorando la satisfacción del cliente al garantizar la disponibilidad de productos en sus tiendas y plataformas en línea (Brynjolfsson & McAfee, 2014).

La seguridad en el trabajo es una preocupación central en la ingeniería laboral, y la IA ha demostrado ser una herramienta eficaz para mejorar los estándares de seguridad y reducir el riesgo de accidentes. A través de la recopilación y análisis de datos en tiempo real, los sistemas de IA pueden identificar condiciones peligrosas en el entorno laboral y alertar a los trabajadores y supervisores antes de que ocurra un accidente. Además, los sistemas de visión por computadora pueden monitorear áreas de trabajo y detectar comportamientos peligrosos o violaciones de las normas de seguridad, enviando alertas inmediatas para corregir el problema (Daugherty & Wilson, 2018).

Un ejemplo es el uso de IA en la industria de la construcción, donde los sistemas de visión por computadora analizan imágenes y videos en tiempo real para detectar condiciones inseguras, como la falta de equipo de protección personal o la presencia de materiales peligrosos. Estos sistemas pueden alertar a los supervisores de seguridad y reducir el riesgo de accidentes al asegurar que los trabajadores cumplan con los protocolos de seguridad. En entornos industriales, los sistemas de IA también pueden prever riesgos de incendio o fallos estructurales, permitiendo a las empresas tomar medidas preventivas para proteger tanto a los empleados como a los activos (Frey & Osborne, 2017).

La planificación y gestión del personal es otra área en la que la IA ha demostrado ser eficaz en la ingeniería del trabajo. Mediante el análisis de datos sobre el rendimiento, la disponibilidad y la carga de trabajo de los empleados, los sistemas de IA pueden ayudar a las empresas a optimizar sus horarios y distribuir de manera más equitativa la carga laboral. Esto permite reducir el agotamiento y mejorar la moral de los trabajadores, al mismo tiempo que asegura que la empresa cuenta con el personal adecuado en cada turno (Acemoglu & Restrepo, 2018).

Un ejemplo de esta aplicación se encuentra en el sector hospitalario, donde la IA se utiliza para optimizar la planificación de turnos de médicos y personal de enfermería, asegurando que haya suficiente personal para cubrir las necesidades de los pacientes en todo momento. Este tipo de sistema reduce el estrés en el personal de salud y mejora la calidad de la atención al paciente al garantizar que el hospital esté adecuadamente equipado para manejar la demanda (Brynjolfsson & McAfee, 2014).

En el control de calidad, la IA mejora notablemente la precisión de inspección de productos, superando la capacidad humana en la detección de defectos y asegurando estándares elevados de calidad en la producción final. A través de sistemas de visión por computadora y algoritmos de aprendizaje profundo, las empresas pueden identificar defectos en los productos a una velocidad y precisión superiores a las de los inspectores humanos. Esto no solo mejora la calidad de los productos, sino que también permite a las empresas reducir el tiempo y los costos asociados con las inspecciones manuales (Russell & Norvig, 2021).

En la industria electrónica, por ejemplo, los sistemas de IA inspeccionan las placas de circuito en busca de fallas microscópicas que podrían pasar desapercibidas para los ojos humanos. Estos sistemas son capaces de detectar defectos en tiempo real, permitiendo que las empresas corrijan los problemas antes de que los productos lleguen al mercado. Este tipo de control de calidad automatizado ayuda a las empresas a mantener estándares elevados y a reducir los costos de devolución o reparación de productos defectuosos (Daugherty & Wilson, 2018).

Las aplicaciones de la inteligencia artificial en la ingeniería del trabajo abarcan un amplio espectro de funciones y procesos, desde la optimización de la producción hasta la mejora de la seguridad laboral. Estas tecnologías han permitido a los ingenieros del trabajo superar las limitaciones de los métodos tradicionales de análisis y optimización, proporcionando herramientas avanzadas para gestionar recursos, prever problemas y mejorar la eficiencia. Aunque existen desafíos en la implementación de IA, especialmente en términos de costo e integración con los sistemas existentes, los beneficios en cuanto a productividad, reducción de costos y mejora de la calidad justifican su adopción en la mayoría de las industrias.

La IA no solo transforma la forma en que se realizan las tareas, sino que también redefine el papel de los ingenieros del trabajo, quienes ahora deben aprender a trabajar junto a estas tecnologías y a adaptarse a los rápidos avances en el campo. A medida que la IA continúa evolucionando, es probable que su influencia en la ingeniería del trabajo siga creciendo, abriendo nuevas oportunidades para mejorar la eficiencia y la sostenibilidad en los entornos industriales y organizacionales.

3.2 IA y toma de decisiones empresariales.

La inteligencia artificial (IA) ha revolucionado la toma de decisiones empresariales, permitiendo a las organizaciones analizar grandes volúmenes de datos, obtener patrones ocultos y optimizar la toma de decisiones en tiempo real. En la ingeniería del trabajo, la IA desempeña un rol fundamental en la mejora de la eficiencia operativa, la reducción de costos y la optimización de recursos, lo que facilita una toma de decisiones más informada y estratégica. La implementación de sistemas de IA no solo ha transformado las decisiones a nivel operativo, sino también a nivel estratégico, ayudando a los líderes a formular planes y políticas empresariales basados en datos precisos y en la capacidad de predicción de estos sistemas. En este contexto, la

IA se ha convertido en una herramienta indispensable que redefine la forma en que las organizaciones abordan sus desafíos y oportunidades.

IA y el análisis de datos en tiempo real

Una de las principales contribuciones de la IA a la toma de decisiones empresariales en la ingeniería del trabajo es la capacidad de analizar datos en tiempo real. Los sistemas de IA permiten recopilar, procesar y analizar datos a medida que se generan, facilitando a las empresas la posibilidad de responder a los cambios del entorno de manera inmediata. En sectores como la manufactura, por ejemplo, la IA permite monitorear en tiempo real las condiciones de las máquinas, detectar anomalías y prever posibles fallas antes de que se produzcan. Al identificar patrones en el comportamiento de las máquinas, los sistemas de IA pueden recomendar ajustes inmediatos para evitar pérdidas de producción y reducir los costos de mantenimiento (Brynjolfsson & McAfee, 2014).

La capacidad de análisis en tiempo real no solo ayuda en la resolución de problemas operativos, sino que también mejora la eficiencia general de los procesos. Por ejemplo, en una planta de producción, los sistemas de IA pueden monitorear constantemente los niveles de inventario, la eficiencia de la línea de producción y la calidad del producto final. Si se detecta un problema, el sistema de IA puede alertar a los supervisores y sugerir ajustes en el proceso de producción, optimizando así el rendimiento sin necesidad de una intervención humana constante. De esta forma, la IA se convierte en un aliado clave en la ingeniería del trabajo, ayudando a los ingenieros a tomar decisiones informadas que mejoran la productividad y la calidad del producto (Frey & Osborne, 2017).

Optimización de recursos y toma de decisiones basada en datos

La optimización de recursos es otra área en la que la IA ha transformado la toma de decisiones en la ingeniería del trabajo. Los sistemas de IA permiten a las empresas analizar el uso de recursos como el tiempo, el personal y los materiales de producción, y encontrar oportunidades de mejora en la distribución y asignación de estos recursos. Por ejemplo, los algoritmos de aprendizaje automático pueden analizar los patrones de producción y sugerir ajustes en la programación de las tareas para reducir el tiempo de inactividad y maximizar el uso de los recursos disponibles.

Un caso notable de esta aplicación es el de la planificación de la cadena de suministro. La IA puede analizar datos históricos y en tiempo real para prever la demanda de productos y ajustar la producción y el inventario en consecuencia. Esto permite a las empresas reducir los costos de almacenamiento y evitar la escasez o el exceso de inventario, optimizando así la eficiencia de la cadena de suministro. En sectores donde los márgenes de error son estrechos y la competencia es alta, como en la industria minorista o la logística, la IA proporciona una ventaja competitiva al mejorar la precisión de las previsiones y reducir el riesgo de pérdidas económicas por una gestión ineficiente de los recursos (Russell & Norvig, 2021).

Además, la IA permite realizar simulaciones avanzadas que ayudan a los ingenieros a anticipar el impacto de diferentes decisiones en el rendimiento organizacional. Mediante el uso de modelos predictivos, las empresas pueden probar distintos escenarios y evaluar cuál de ellos generará los mejores resultados antes de implementar una decisión. Este tipo de simulación es particularmente útil en proyectos de gran escala, donde un error en la planificación puede resultar en pérdidas significativas. La capacidad de prever los resultados antes de la implementación permite a los tomadores de decisiones reducir riesgos y optimizar el uso de los recursos, tomando decisiones con un alto grado de certeza.

IA en la gestión de riesgos y la evaluación de escenarios

La gestión de riesgos es un componente esencial de la toma de decisiones en la ingeniería del trabajo, especialmente en entornos de alta complejidad y con márgenes de error limitados. La IA facilita la evaluación de riesgos al analizar datos históricos y actuales para identificar patrones y tendencias que pueden indicar un riesgo potencial. A través de algoritmos de aprendizaje profundo, los sistemas de IA pueden prever incidentes o problemas antes de que ocurran, permitiendo a los responsables de la toma de decisiones actuar de manera preventiva y minimizar el impacto de los riesgos (Daugherty & Wilson, 2018).

En la industria de la construcción, por ejemplo, los sistemas de IA pueden analizar datos relacionados con el clima, la disponibilidad de materiales y el rendimiento de la maquinaria para prever problemas que podrían retrasar el proyecto o aumentar los costos. Si el sistema de IA detecta condiciones que puedan indicar un riesgo inminente, puede recomendar acciones correctivas, como ajustar la programación o aumentar las medidas de seguridad. De esta manera, la IA no solo mejora la toma de decisiones al proporcionar datos precisos y oportunos, sino que también permite una gestión de riesgos más eficaz y proactiva.

La IA también facilita la evaluación de escenarios mediante el análisis de datos en diversas situaciones hipotéticas. Al simular distintos escenarios, los sistemas de IA pueden ayudar a los ingenieros a entender cómo se desarrollarán los proyectos bajo diferentes condiciones y a tomar decisiones informadas sobre la mejor manera de proceder. Por ejemplo, en una planta de manufactura, los ingenieros pueden utilizar IA para simular el impacto de una interrupción en la cadena de suministro o de un cambio en la demanda del mercado, y ajustar su planificación en consecuencia. La evaluación de escenarios permite a las empresas adaptarse rápidamente a las circunstancias cambiantes y minimizar el impacto de los eventos inesperados.

Toma de decisiones estratégicas y análisis predictivo

En un nivel más estratégico, la IA ha cambiado fundamentalmente la forma en que los líderes empresariales abordan la planificación y la formulación de políticas. Mediante el análisis predictivo, los sistemas de IA pueden identificar tendencias de mercado, cambios en el comportamiento del consumidor y oportunidades de crecimiento. Esto proporciona a los líderes empresariales una visión más clara de los factores externos e internos que afectan a la organización, permitiéndoles formular estrategias más sólidas y orientadas al futuro (Brynjolfsson & McAfee, 2014).

El análisis predictivo también permite a las empresas identificar áreas de mejora y planificar para el largo plazo. Por ejemplo, en el sector de la energía, las empresas pueden utilizar sistemas de IA para prever los niveles de demanda y ajustar su producción para optimizar el consumo de recursos naturales y reducir los costos. Del mismo modo, en el sector de la salud, los hospitales pueden utilizar IA para prever la demanda de servicios médicos y planificar sus recursos para evitar la saturación y mejorar la calidad del servicio al paciente (Russell & Norvig, 2021). La IA, al proporcionar información detallada sobre el futuro probable, permite a los líderes tomar decisiones estratégicas fundamentadas que posicionan a la organización para enfrentar con éxito los desafíos venideros.

Además, la capacidad de la IA para analizar grandes volúmenes de datos y extraer patrones y correlaciones no evidentes para los humanos permite descubrir nuevas oportunidades de negocio. Al analizar la información sobre el comportamiento de los consumidores, las preferencias de compra y los patrones de uso, las empresas pueden identificar nichos de mercado y desarrollar productos o servicios innovadores que respondan a las necesidades cambiantes de los clientes. Esta capacidad de anticiparse a las tendencias del mercado y adaptar las estrategias empresariales en función de los datos proporciona una ventaja competitiva significativa y permite a las organizaciones mantenerse relevantes en un entorno empresarial dinámico y en constante evolución.

IA y ética en la toma de decisiones

Si bien la IA mejora la toma de decisiones en el ámbito empresarial, también introduce desafíos éticos que exigen a las organizaciones adoptar políticas de transparencia y responsabilidad para abordar el sesgo algorítmico y la equidad en sus aplicaciones. La toma de decisiones basada en IA puede estar influenciada por sesgos algorítmicos que afectan la precisión y la imparcialidad de las recomendaciones. Los sesgos en los datos de entrenamiento o en la configuración de los algoritmos pueden llevar a decisiones que favorecen o desfavorecen a ciertos grupos, generando implicaciones éticas y posibles problemas legales. Para abordar estos desafíos, es fundamental que las organizaciones implementen políticas de transparencia y responsabilidad en el desarrollo y uso de IA (Daugherty & Wilson, 2018).

Por otro lado, el uso de IA en la toma de decisiones también plantea interrogantes sobre la responsabilidad de los errores y las consecuencias no deseadas. Cuando una decisión tomada por un sistema de IA resulta en un error o en un resultado desfavorable, puede ser difícil asignar la responsabilidad de manera clara. Esta falta de claridad en la responsabilidad plantea desafíos tanto legales como éticos, especialmente en sectores donde las decisiones pueden tener un impacto significativo en la vida de las personas, como en la salud o en el sector financiero. Por ello, es fundamental que las organizaciones desarrollen marcos de gobernanza y ética para la IA, garantizando la transparencia en sus procesos de toma de decisiones y la capacidad de auditoría de los sistemas de IA (Russell & Norvig, 2021).

En conclusión, la inteligencia artificial transforma la toma de decisiones en la ingeniería laboral, proporcionando herramientas de análisis de datos, gestión de riesgos y optimización de recursos. Este avance redefine el rol de los ingenieros y establece una dinámica donde la IA y el juicio humano colaboran en beneficio del rendimiento organizacional y ético. Gracias a la IA, las organizaciones pueden responder de manera proactiva a los desafíos operativos, mejorar su eficiencia y planificar estratégicamente para el futuro. Sin embargo, el uso de IA en la toma de decisiones también plantea desafíos éticos y de responsabilidad que requieren un enfoque cuidadoso. A medida que la IA continúa evolucionando y expandiendo su impacto, las empresas deben equilibrar sus beneficios con la necesidad de asegurar un uso responsable y transparente de la tecnología. De esta forma, la IA no solo mejora la toma de decisiones empresariales, sino que también redefine el papel de los ingenieros y líderes en la creación de un entorno de trabajo eficiente, ético y adaptativo.

3.3 La IA como asistente y suplente en tareas complejas

Las tareas de alta precisión, que antes requerían de expertos con formación y experiencia específicas, ahora pueden ser realizadas o, al menos, asistidas por sistemas de IA. Esto incluye procesos de fabricación, diagnósticos de sistemas técnicos y supervisión de calidad, donde la IA puede lograr niveles de precisión superiores al ojo humano. Por ejemplo, en la industria de los semiconductores, donde las tareas de ensamblaje y verificación requieren la manipulación de componentes diminutos y la identificación de defectos microscópicos, la IA ha permitido una inspección automatizada a través de sistemas de visión computarizada y aprendizaje profundo. Estos sistemas pueden analizar cada componente con una precisión milimétrica, detectando defectos que, de otra manera, podrían pasar desapercibidos para el ojo humano (Russell & Norvig, 2021).

Asimismo, en la medicina, la IA ha mejorado el diagnóstico de enfermedades a través del análisis de imágenes. Los algoritmos de aprendizaje profundo, entrenados con miles de imágenes médicas, pueden identificar patrones en radiografías, resonancias magnéticas y tomografías con una precisión igual o, en algunos casos, superior a la de los médicos especializados. Al detectar indicios de enfermedades como el cáncer en etapas tempranas, la IA no solo complementa el trabajo de los profesionales de la salud, sino que actúa como una herramienta de gran valor en el proceso de diagnóstico, reduciendo los márgenes de error y mejorando los resultados para los pacientes (Topol, 2019).

Automatización de análisis y procesamiento de datos complejos

Otra de las aplicaciones más relevantes de la IA en la ingeniería del trabajo es la automatización del análisis y procesamiento de datos complejos. En sectores como la energía y la logística, el análisis de grandes volúmenes de datos en tiempo real es fundamental para la toma de decisiones rápidas y precisas. La IA permite analizar estos datos de manera continua, extrayendo información valiosa que ayuda a optimizar los procesos y mejorar la eficiencia. Este tipo de análisis puede incluir datos sobre el consumo de energía, el comportamiento de los sistemas y las condiciones de operación de la maquinaria, permitiendo así a los ingenieros anticiparse a posibles problemas y realizar ajustes necesarios para maximizar el rendimiento (Brynjolfsson & McAfee, 2014).

En el sector energético, por ejemplo, la IA ayuda a monitorizar el rendimiento de los sistemas de generación y distribución, identificando patrones de consumo y optimizando el uso de recursos. Los sistemas de IA pueden prever la demanda de energía en función de variables como las condiciones climáticas, el historial de consumo y las tendencias estacionales. Esto permite ajustar la producción de energía de acuerdo con la demanda prevista, evitando el desperdicio y mejorando la sostenibilidad. En la industria de la logística, la IA se utiliza para gestionar y optimizar el movimiento de productos y la asignación de recursos, utilizando datos en tiempo real para calcular rutas óptimas, reducir costos de transporte y mejorar la puntualidad en la entrega (Acemoglu & Restrepo, 2018).

Simulación y optimización de sistemas complejos

La simulación y optimización de sistemas complejos es otra tarea en la que la IA ha demostrado ser de gran utilidad en la ingeniería del trabajo. La IA permite crear modelos virtuales de sistemas complejos y ejecutar simulaciones que replican condiciones reales, proporcionando a los ingenieros la oportunidad de probar diferentes escenarios y tomar decisiones fundamentadas. Este tipo de simulación es particularmente útil en industrias donde el margen de error es mínimo y cualquier fallo puede ser costoso o peligroso.

En la industria automotriz, por ejemplo, los fabricantes utilizan IA para simular el rendimiento de sus vehículos en distintas condiciones, desde simulaciones de seguridad en caso de accidente hasta pruebas de rendimiento en diversas condiciones climáticas. Estos modelos permiten realizar ajustes en el diseño y los componentes antes de que el vehículo llegue a la fase de producción, reduciendo el riesgo de fallos y optimizando el rendimiento del producto final. Esta capacidad de prever el impacto de las decisiones antes de implementarlas físicamente representa una ventaja competitiva significativa, ya que permite reducir costos y mejorar la calidad del producto sin necesidad de realizar pruebas físicas extensivas (Russell & Norvig, 2021).

Del mismo modo, en el sector aeroespacial, la simulación mediante IA permite a los ingenieros analizar la estructura de los aviones y realizar ajustes en el diseño para optimizar su rendimiento y seguridad. Este tipo de simulación ayuda a identificar problemas de manera temprana y a mejorar el diseño de los componentes, garantizando que el producto final cumpla con los estándares de calidad y seguridad. La IA, al permitir la simulación precisa de sistemas complejos, no solo mejora la eficiencia de los procesos de diseño y producción, sino que también reduce los riesgos y costos asociados con la fabricación de prototipos y pruebas físicas (Daugherty & Wilson, 2018).

Reducción de errores y mejora de la eficiencia

Uno de los beneficios más destacados de la IA en el desempeño de tareas complejas es la reducción de errores, lo que a su vez aumenta la eficiencia y reduce los costos. En procesos que requieren un alto nivel de exactitud, como la fabricación de componentes electrónicos o la administración de medicamentos, los sistemas de IA pueden minimizar el riesgo de errores humanos. Los algoritmos de IA pueden monitorear las operaciones y detectar anomalías que indican posibles errores, permitiendo así a los operadores corregir problemas de manera oportuna. Este nivel de precisión es especialmente importante en sectores donde los errores pueden tener consecuencias graves, como en la industria farmacéutica o en la fabricación de dispositivos médicos (Topol, 2019).

Por ejemplo, en la producción de dispositivos electrónicos, los sistemas de IA pueden analizar datos en tiempo real para asegurar que cada componente cumpla con los estándares de calidad. Si se detecta una desviación en los parámetros, el sistema puede alertar a los operadores para que realicen ajustes, evitando así la producción de productos defectuosos y reduciendo los costos de desperdicio. En el sector de la salud, los sistemas de IA pueden revisar las dosis de medicamentos administradas a los pacientes y verificar que las prescripciones se sigan correctamente, ayudando a reducir los errores en la medicación y mejorando la seguridad del paciente (Brynjolfsson & McAfee, 2014).

La IA como suplente en tareas especializadas

En algunos casos, la IA no solo asiste a los ingenieros y técnicos, sino que actúa como un suplente en tareas especializadas. Esto es especialmente valioso en áreas donde la disponibilidad de expertos es limitada o donde la tarea en cuestión es peligrosa para los seres humanos. Por ejemplo, en la industria minera, los sistemas de IA se utilizan para operar equipos en entornos peligrosos, como minas subterráneas o plataformas petrolíferas. Estos sistemas permiten realizar exploraciones y operaciones de extracción sin poner en riesgo la vida de los trabajadores, reduciendo el impacto de las condiciones ambientales extremas en la productividad (Frey & Osborne, 2017).

En el ámbito de la medicina, los sistemas de IA también han comenzado a desempeñar un papel importante en el área de la cirugía asistida. Los robots quirúrgicos, controlados por IA, pueden realizar operaciones con una precisión superior a la de los cirujanos humanos en ciertas intervenciones. Esto no significa que la IA reemplace a los médicos, sino que actúa como un complemento que permite a los cirujanos realizar procedimientos complejos con mayor precisión y control. La colaboración entre humanos y máquinas en este contexto ha dado lugar a una nueva forma de asistencia médica que combina las fortalezas de ambos, lo que permite ofrecer un tratamiento de alta calidad a los pacientes (Topol, 2019).

IA y el desarrollo de competencias técnicas

La incorporación de IA en tareas complejas también ha modificado las competencias requeridas en la ingeniería del trabajo. A medida que los sistemas de IA asumen responsabilidades cada vez más sofisticadas, los ingenieros deben adquirir nuevas habilidades para supervisar, mantener y optimizar estos sistemas. Esto incluye el aprendizaje de técnicas de análisis de datos, la comprensión de algoritmos de aprendizaje automático y la capacidad de interpretar los resultados generados por los sistemas de IA. Este cambio en el perfil de competencias es fundamental para asegurar que la implementación de la IA maximice su potencial y minimice los riesgos asociados con su uso incorrecto (Russell & Norvig, 2021).

Además, los ingenieros deben desarrollar habilidades de colaboración y adaptabilidad, ya que la IA funciona mejor en combinación con la supervisión humana. En lugar de reemplazar a los trabajadores, la IA se presenta como una herramienta que, bajo una supervisión adecuada, puede realizar tareas complejas de manera más eficiente y precisa. Esta relación simbiótica entre humanos y máquinas plantea la necesidad de una capacitación constante para que los profesionales de la ingeniería estén preparados para enfrentar los desafíos tecnológicos y aprovechar al máximo las capacidades de la IA.

La IA ha revolucionado el papel de los ingenieros en la realización de tareas complejas, actuando como asistente y, en algunos casos, como suplente en áreas que requieren un alto nivel de precisión y especialización. La capacidad de la IA para reducir errores, procesar grandes volúmenes de datos y operar en entornos peligrosos ha abierto nuevas posibilidades en la ingeniería del trabajo, mejorando la eficiencia y seguridad en diversos sectores. Sin embargo, la implementación exitosa de la IA requiere que los ingenieros desarrollen nuevas competencias técnicas y mantengan una supervisión activa sobre estos sistemas, asegurando que la IA cumpla su función como un complemento valioso en el entorno laboral.

3.4 Impacto en la productividad y el rendimiento organizacional

Uno de los mayores impactos de la IA en la productividad organizacional se encuentra en la automatización de procesos. Gracias a la IA, las organizaciones pueden automatizar tareas repetitivas que tradicionalmente requerían intervención humana, lo cual permite reducir los tiempos de producción y mejorar la precisión en la ejecución de actividades. En la industria automotriz, por ejemplo, los robots industriales impulsados por IA se encargan de ensamblar vehículos de manera eficiente y con una precisión milimétrica, lo que reduce el margen de error y asegura que cada componente cumpla con los estándares de calidad. Esta automatización también permite a los trabajadores humanos enfocarse en tareas más estratégicas y creativas, incrementando así el valor añadido de su trabajo (Vera, 2021).

En un estudio realizado por Pérez y Martín (2019), se encontró que la implementación de IA en procesos de manufactura aumentó la productividad de las empresas en un 25 %, al tiempo que redujo los costos operativos en un 20 %. Estos resultados evidencian cómo la automatización de procesos, facilitada por la IA, permite optimizar el uso de recursos, disminuir el desperdicio y agilizar el flujo de trabajo, aspectos que son fundamentales para mejorar el rendimiento organizacional. La IA no solo facilita la ejecución de tareas de manera más rápida y precisa, sino que también contribuye a una gestión más eficaz del tiempo y de los recursos materiales, lo que representa una ventaja competitiva significativa en mercados altamente demandantes.

Reducción de costos y optimización de recursos

Otro beneficio importante de la IA es la reducción de costos operativos, lo cual impacta de forma directa en la rentabilidad de las organizaciones. A través del uso de algoritmos de aprendizaje automático y análisis predictivo, los sistemas de IA permiten identificar áreas donde los costos pueden reducirse sin afectar la calidad del producto o servicio. Por ejemplo, en la industria energética, la IA se utiliza para optimizar el consumo de energía en plantas de producción mediante el monitoreo en tiempo real y el ajuste automático de los niveles de consumo según la demanda. Esto no solo reduce el gasto energético, sino que también disminuye la huella de carbono de las organizaciones, contribuyendo a una mayor sostenibilidad (García & Fernández, 2020).

La optimización de recursos también se aplica a la gestión de inventarios, donde la IA puede prever la demanda de productos y ajustar los niveles de stock en consecuencia. En el sector minorista, empresas como Inditex han implementado sistemas de IA para gestionar sus inventarios de manera eficiente, reduciendo los costos de almacenamiento y minimizando el riesgo de pérdidas por productos no vendidos. Esto les permite responder de manera rápida y efectiva a los cambios en la demanda, garantizando la disponibilidad de productos en las tiendas y mejorando la satisfacción del cliente. Según un informe de la consultora Deloitte (2021), las empresas que han adoptado IA en la gestión de inventarios han logrado reducir los costos logísticos en un promedio del 30 %, mejorando la rentabilidad y la eficiencia operativa.

Incremento en la calidad y control de procesos

La IA también ha tenido un impacto significativo en la mejora de la calidad de los productos y servicios. Gracias a los sistemas de visión por computadora y al análisis de datos en tiempo real, las organizaciones pueden monitorear y controlar la calidad de los procesos productivos con una precisión superior. En la industria farmacéutica, por ejemplo, la IA se utiliza para analizar muestras y detectar posibles contaminantes en los medicamentos, asegurando que cada lote cumpla con los estándares de calidad y seguridad. Este tipo de control automatizado reduce el riesgo de errores humanos y garantiza la consistencia en la calidad del producto final (Sánchez & López, 2019).

Un estudio de Caso presentado por Rodríguez y Molina (2020) en la industria de alimentos muestra que la implementación de IA en el control de calidad permitió a una empresa de procesamiento de alimentos reducir en un 40 % el número de productos defectuosos. Este aumento en la precisión del control de calidad no solo mejora la satisfacción del cliente, sino que también reduce los costos asociados a las devoluciones y el reprocesamiento de productos. En el ámbito de la ingeniería del trabajo, el control de calidad automatizado facilita el monitoreo constante de los estándares de producción, permitiendo que los ingenieros identifiquen y corrijan problemas de manera oportuna.

Mejora en la experiencia del cliente

La IA no solo tiene impacto en los procesos internos de la organización, sino que también mejora la experiencia del cliente al permitir una atención más rápida y personalizada. En el sector de servicios, como la banca y el comercio electrónico, la IA se utiliza para analizar las preferencias y comportamientos de los clientes, permitiendo a las empresas ofrecer recomendaciones personalizadas y servicios adaptados a sus necesidades específicas. Según un estudio de González y Ortiz (2019), las empresas que utilizan IA para personalizar la experiencia del cliente han logrado incrementar la retención de clientes en un 15 % y aumentar sus ingresos en un 10 %. Este tipo de personalización no solo mejora la satisfacción del cliente, sino que también fortalece la lealtad a la marca y contribuye al crecimiento sostenido de la organización.

Por ejemplo, en el comercio electrónico, los algoritmos de IA analizan el historial de navegación y compra de los clientes para ofrecer recomendaciones de productos relevantes, lo que aumenta las posibilidades de conversión y genera una experiencia de compra más atractiva y eficiente. Este tipo de estrategias permiten a las empresas diferenciarse de sus competidores y construir relaciones más sólidas con sus clientes. Además, la IA permite una atención al cliente automatizada a través de chatbots y asistentes virtuales, que ofrecen respuestas inmediatas a consultas comunes, mejorando la eficiencia del servicio y la satisfacción del usuario (Vera, 2021).

Impacto en la cultura organizacional y adaptación al cambio

La implementación de IA en las organizaciones también ha tenido un impacto en la cultura organizacional, al impulsar una mayor adaptación al cambio y fomentar una cultura de innovación. A medida que la IA asume tareas repetitivas y operativas, los empleados pueden enfocarse en actividades de mayor valor añadido, como la planificación estratégica, la resolución de problemas y el desarrollo de nuevas ideas. Esto ha llevado a un cambio en la percepción del trabajo, ya que los empleados ahora ven en la IA una herramienta que facilita su labor en lugar de una amenaza para sus empleos (García & Fernández, 2020).

Además, la adopción de IA en las organizaciones requiere de una cultura de aprendizaje continuo, en la que los empleados estén dispuestos a adquirir nuevas competencias y adaptarse a los cambios tecnológicos. Esta transformación en la cultura organizacional es fundamental para que las empresas puedan aprovechar al máximo las capacidades de la IA y garantizar una implementación exitosa. Según Pérez y Martín (2019), las empresas que han adoptado una cultura de innovación y aprendizaje continuo han experimentado un incremento en la satisfacción y el compromiso de sus empleados, lo que contribuye a un mejor rendimiento organizacional y a un entorno de trabajo más colaborativo y adaptable.

Desafíos de la IA en el rendimiento organizacional

Si bien los beneficios de la IA en la productividad y el rendimiento organizacional son evidentes, su implementación también presenta desafíos. Uno de los principales obstáculos es el costo inicial de inversión en tecnologías de IA y la infraestructura necesaria para su funcionamiento. La implementación de sistemas de IA implica una inversión significativa en hardware, software y formación del personal, lo cual puede ser un reto para las empresas de menor tamaño o con recursos limitados (Cano et al., 2020).

Otro desafío es la resistencia al cambio por parte de los empleados, quienes pueden ver la IA como una amenaza a sus puestos de trabajo. Para superar esta resistencia, es fundamental que las organizaciones implementen políticas de comunicación y formación que expliquen los beneficios de la IA y capaciten a los empleados en el uso de estas tecnologías. La creación de un entorno de trabajo en el que los empleados perciban la IA como una herramienta de apoyo, en lugar de un reemplazo, es clave para garantizar una implementación exitosa y para maximizar el rendimiento organizacional (García & Fernández, 2020).

La inteligencia artificial ha tenido un impacto profundo en la productividad y el rendimiento organizacional, al permitir la automatización de procesos, la optimización de recursos y la mejora en la calidad de los productos y servicios. Estas mejoras no solo contribuyen a una mayor rentabilidad, sino que también fortalecen la posición competitiva de las organizaciones en el mercado. Sin embargo, la implementación de IA también plantea desafíos, como la necesidad de una cultura de aprendizaje continuo y la inversión en infraestructura tecnológica. A medida que las organizaciones avanzan en la adopción de IA, es fundamental que se enfoquen en maximizar los beneficios de esta tecnología, al tiempo que abordan los desafíos asociados con su implementación. La IA, cuando se aplica de manera estratégica y ética, puede convertirse en una ventaja competitiva que transforme el rendimiento organizacional y la cultura de trabajo de manera sostenible.

Capítulo 4. Habilidades del futuro: la adaptación humana ante la revolución tecnológica

Capítulo 4. Habilidades del futuro: la adaptación humana ante la revolución tecnológica

La transformación tecnológica en la era de la inteligencia artificial (IA) y la automatización ha rediseñado los requisitos y expectativas del entorno laboral. Las habilidades que una vez fueron indispensables están siendo reemplazadas o complementadas por competencias nuevas que permiten a los profesionales colaborar eficazmente con la tecnología. Este capítulo explora en profundidad las habilidades que habilitarán a los trabajadores del futuro para convivir y prosperar en un mundo donde la IA y la tecnología desempeñan roles cada vez más importantes.

En primer lugar, las habilidades blandas —como la creatividad, el pensamiento crítico y la colaboración— han ganado un valor significativo. Estas capacidades humanas no solo siguen siendo relevantes, sino que ahora se consideran fundamentales en un entorno donde las máquinas se encargan de tareas rutinarias o analíticas. Según el Foro Económico Mundial (2018), el 85% de los trabajos que existirán en 2030 aún no han sido creados; además, muchos de estos roles requerirán habilidades interpersonales y comunicativas, áreas en las que las máquinas aún no pueden competir con los humanos.

La creatividad emerge como una de las habilidades más valiosas en un entorno impulsado por la IA. Aunque las máquinas son competentes en el procesamiento de datos y la realización de cálculos complejos, es la capacidad creativa de los seres humanos la que permite desarrollar soluciones innovadoras y disruptivas. McKinsey & Company (2018) destaca que las habilidades creativas serán esenciales para enfrentar los problemas complejos que requieren enfoques novedosos, ya que la creatividad humana sigue siendo una ventaja clave en un entorno altamente automatizado.

El pensamiento crítico es otra competencia crucial en la era de la información. Con el acceso a volúmenes masivos de datos, los profesionales deben evaluar y analizar dicha información para tomar decisiones informadas. Brown et al. (2020) subrayan en su estudio de Harvard Business Review que el pensamiento crítico será una de las habilidades más buscadas en los líderes del futuro, ya que la capacidad para evaluar y discernir continúa siendo una cualidad distintiva del ser humano frente a la tecnología.

Además, el entorno laboral actual exige una colaboración efectiva entre humanos y máquinas. Esta integración no implica una sustitución, sino una sinergia en la que los empleados aprenden a trabajar junto con sistemas de IA para optimizar la productividad. Deloitte (2021) identifica la colaboración entre humanos e IA como un diferenciador competitivo clave para las organizaciones del futuro, ya que permite combinar el análisis de datos con la intuición humana para resolver problemas de manera eficiente y precisa.

La capacidad de adaptación también se ha convertido en una habilidad esencial en la era digital. A medida que la tecnología evoluciona, la adaptabilidad permite a los profesionales mantenerse actualizados y enfrentar los desafíos derivados de los cambios rápidos en el mercado. Los estudios realizados por PwC (2021) resaltan que los empleados que demuestran flexibilidad y disposición para aprender nuevas tecnologías son los más valorados en los entornos corporativos actuales.

La adopción de una mentalidad de aprendizaje continuo es igualmente esencial para enfrentar los cambios tecnológicos. La rapidez de la innovación exige que los trabajadores adquieran nuevos conocimientos de manera constante para mantenerse relevantes. Bersin by Deloitte (2019) concluye que el aprendizaje permanente es una característica distintiva de los empleados exitosos en entornos altamente tecnológicos, ya que aquellos que se capacitan constantemente tienen mayores posibilidades de adaptarse y prosperar.

La demanda de habilidades técnicas, como la programación, el análisis de datos y la ciencia de datos, también está en auge. Estas competencias son esenciales para aquellos que buscan trabajar en la intersección entre humanos y tecnología. El conocimiento en programación, por ejemplo, permite a los profesionales desarrollar y personalizar soluciones tecnológicas, mientras que las habilidades en análisis de datos facilitan la interpretación de grandes volúmenes de información para tomar decisiones estratégicas. El Foro Económico Mundial (2020) prevé que la demanda de estas habilidades técnicas aumentará considerablemente en los próximos años.

Dentro de este contexto, la formación continua y la capacitación son fundamentales. Las empresas tienen la responsabilidad de proporcionar a sus empleados las herramientas necesarias para enfrentar los desafíos de la era de la IA. Al implementar programas de capacitación y desarrollo, las organizaciones no solo mejoran la competencia técnica de sus trabajadores, sino que también promueven una cultura de resiliencia y adaptación. Un informe de Accenture (2020) destaca que las empresas que invierten en el desarrollo de su personal son las que mejor logran adaptarse a los cambios del mercado.

Los cambios en las competencias laborales también tienen un impacto profundo en la estructura organizacional. En un entorno en el que las máquinas automatizan tareas rutinarias, los empleados pueden concentrarse en actividades estratégicas que requieran un alto nivel de análisis y creatividad. PwC (2021) argumenta que las organizaciones que logran integrar eficazmente la tecnología y el talento humano obtienen mejores resultados en innovación y en la satisfacción de sus clientes.

En este contexto, surge una nueva disciplina: la ingeniería del trabajo. Esta disciplina aboga por rediseñar las tareas y procesos organizacionales para maximizar el uso de la tecnología y las competencias humanas. Según Accenture (2020), la ingeniería del trabajo permite a las organizaciones reestructurarse para adaptarse a la transformación digital, mejorando la eficiencia y permitiendo una mayor colaboración entre humanos y máquinas.

La capacidad de gestión emocional también se vuelve relevante. La convivencia con tecnología avanzada puede ser estresante para algunos empleados, quienes temen la pérdida de sus empleos ante el avance de la automatización. El Foro Económico Mundial (2021) sugiere que las habilidades de gestión emocional serán clave para mantener el bienestar en el lugar de trabajo y reducir la ansiedad provocada por los cambios tecnológicos.

Los líderes organizacionales tienen un rol crucial en este proceso de transición. Necesitan desarrollar competencias en liderazgo adaptativo y gestión de equipos híbridos, integrando trabajadores humanos y tecnología. Harvard Business Review (2020) sugiere que los líderes con habilidades para la gestión de equipos digitales pueden facilitar una mejor adaptación a los cambios y asegurar que sus equipos se sientan capacitados y valorados en un entorno cada vez más digital.

Los valores éticos y la responsabilidad en el uso de la IA también son áreas de competencia emergentes. A medida que la IA asume tareas de toma de decisiones, es esencial que los trabajadores comprendan los principios éticos que rigen el uso de esta tecnología. Según el Instituto de Ética de IA (2020), la formación en ética tecnológica permitirá a los profesionales tomar decisiones que favorezcan el bienestar común y eviten sesgos o prejuicios.

Finalmente, es importante señalar que esta revolución tecnológica plantea tanto desafíos como oportunidades. La automatización de tareas puede liberar a los empleados de trabajos repetitivos, permitiéndoles dedicarse a actividades que requieren creatividad, innovación y empatía. Deloitte (2021) concluye que los trabajadores de las organizaciones más innovadoras ven en la IA una oportunidad para expandir sus competencias y asumir roles más satisfactorios.

4.1. Las habilidades blandas en la era de la IA

La integración de la inteligencia artificial (IA) en el ámbito laboral ha subrayado la relevancia de las habilidades blandas, que incluyen competencias como la creatividad, el pensamiento crítico, la empatía y la comunicación. En una época en la que las máquinas pueden realizar tareas repetitivas y procesar grandes cantidades de datos, las habilidades humanas son indispensables para aportar un valor diferencial. De acuerdo con el Foro Económico Mundial (2018), estas competencias blandas están entre las habilidades más valoradas en la fuerza laboral del futuro, ya que complementan las capacidades tecnológicas de la IA y permiten a los trabajadores desempeñar roles que requieren una mayor adaptación.

La creatividad se ha convertido en un factor decisivo en las organizaciones. Mientras que la IA y la automatización permiten eficiencia en los procesos, es la creatividad humana la que impulsa la innovación y permite a las empresas diferenciarse en un mercado cada vez más competitivo. Según un estudio de McKinsey & Company (2018), la creatividad será fundamental para la resolución de problemas complejos en un entorno automatizado, ya que las ideas originales solo pueden surgir a partir del ingenio humano, no de algoritmos preestablecidos.

El pensamiento crítico es otra competencia que ha cobrado relevancia en esta era de datos masivos. La capacidad de analizar y cuestionar información permite a los empleados tomar decisiones informadas, un aspecto crucial cuando las empresas enfrentan una sobrecarga de datos y necesitan evaluar su veracidad y aplicabilidad. Brown et al. (2020), en un análisis para Harvard Business Review, señalan que el pensamiento crítico es esencial para filtrar y sintetizar información de manera efectiva, particularmente cuando la IA se utiliza para generar datos en tiempo real.

La empatía y las habilidades de comunicación también son esenciales en un entorno de trabajo digitalizado. La IA puede facilitar la comunicación, pero no puede replicar la conexión emocional y el entendimiento profundo que caracteriza a las relaciones humanas. Deloitte (2021) sostiene que la empatía y la capacidad de escuchar activamente son habilidades críticas para liderar equipos diversos y mantener una cohesión organizacional en un mundo cada vez más virtual.

La colaboración en un equipo humano-IA requiere competencias en gestión de cambios y adaptabilidad. En lugar de ver a la IA como una amenaza, los empleados deben aprender a trabajar junto a ella para maximizar su eficiencia y creatividad. Según el Foro Económico Mundial (2020), las empresas que fomentan una cultura de colaboración entre humanos y máquinas logran mejorar significativamente sus resultados, ya que los empleados se concentran en tareas de valor agregado mientras las máquinas ejecutan procesos repetitivos.

El liderazgo adaptativo se destaca como una habilidad blanda esencial para los profesionales que buscan guiar equipos en un entorno altamente tecnológico. En la era de la IA, los líderes deben ser flexibles y fomentar un ambiente de confianza y transparencia. Harvard Business Review (2021) resalta que los líderes adaptativos son fundamentales para facilitar la integración de la tecnología en las organizaciones, ya que su capacidad de gestión emocional y su adaptabilidad ayudan a mitigar la resistencia al cambio.

El trabajo en equipo y la colaboración son esenciales para que los equipos puedan integrar tecnologías de IA de manera eficaz. PwC (2021) argumenta que los equipos que dominan las habilidades de colaboración y comunicación son los más exitosos en la implementación de IA, pues logran una mejor armonía entre la tecnología y los procesos humanos. La interacción efectiva entre equipos es clave para asegurar que la IA cumpla su propósito sin socavar el valor del capital humano.

La flexibilidad mental y la disposición para aprender también han cobrado protagonismo. La rápida evolución de la tecnología exige que los empleados sean capaces de adaptarse constantemente a nuevas herramientas y procesos. Bersin by Deloitte (2019) enfatiza que la mentalidad de aprendizaje continuo es crucial para enfrentar las demandas de la transformación digital y que aquellos trabajadores que se actualizan regularmente tienen mayores probabilidades de sobresalir.

En términos de innovación, el pensamiento creativo se convierte en un activo que impulsa a las empresas a posicionarse como líderes de sus industrias. Accenture (2020) sugiere que la creatividad humana es clave para aprovechar las capacidades de la IA de maneras innovadoras y relevantes, lo que permite a las empresas desarrollar soluciones que aborden problemas complejos con un enfoque único y competitivo.

La capacidad de comunicación clara y efectiva también es imprescindible, especialmente en roles que requieren la interpretación y transmisión de datos generados por IA. Según Harvard Business Review (2020), la habilidad de explicar información técnica de forma comprensible es crítica para que otros departamentos comprendan y utilicen la información adecuadamente. La falta de comunicación clara puede llevar a decisiones erróneas y a la falta de cohesión dentro de la organización.

La resolución de conflictos es una habilidad blanda que cobra un papel relevante en la era de la tecnología. A medida que la IA reemplaza algunas funciones, surgen tensiones y miedos en la fuerza laboral, lo que requiere habilidades de negociación y resolución de conflictos. El Instituto de Ética de IA (2021) destaca que la capacidad de mediar en situaciones complejas es crucial para mantener el bienestar organizacional y la moral de los empleados en tiempos de cambio.

El desarrollo de competencias en inteligencia emocional y empatía beneficia a los equipos, sobre todo cuando se enfrentan a cambios tecnológicos. La inteligencia emocional permite a los líderes y miembros de equipo entender y gestionar mejor sus propias emociones y las de sus colegas, un aspecto esencial en tiempos de incertidumbre. Según el Foro Económico Mundial (2021), las habilidades de inteligencia emocional son fundamentales para reducir el estrés laboral y mejorar el compromiso de los empleados en entornos de cambio.

4.2. La adaptación continua y el aprendizaje permanente

La adaptación continua y el aprendizaje permanente se han convertido en elementos esenciales en el contexto actual de transformación digital. El rápido avance de la tecnología y la constante introducción de innovaciones requieren que los trabajadores adquieran una mentalidad flexible y de aprendizaje constante. Según el Foro Económico Mundial (2020), el 50% de todos los empleados necesitarán adquirir nuevas habilidades para 2025, lo que subraya la necesidad de actualización continua para mantenerse competitivos.

El aprendizaje permanente implica más que una capacitación ocasional; es un enfoque proactivo que permite a los empleados anticipar y adaptarse a las demandas del mercado laboral. PwC (2021) explica que la mentalidad de aprendizaje continuo es crucial para aquellos que desean mantener su relevancia en un entorno que cambia rápidamente y exige competencias que evolucionan junto con la tecnología.

La adopción de la IA y la automatización en el lugar de trabajo ha transformado las demandas de competencias, exigiendo que los empleados no solo dominen habilidades técnicas, sino que también desarrollen la capacidad de aprender nuevas herramientas y procesos. Según Bersin by Deloitte (2019), la capacidad de aprender rápidamente y adaptarse a nuevas tecnologías es una característica de los empleados que logran sobresalir en entornos digitalizados, lo cual se convierte en una ventaja competitiva significativa.

El aprendizaje permanente permite a los profesionales adaptarse a un mundo laboral donde la obsolescencia de habilidades es cada vez más frecuente. Harvard Business Review (Brown et al., 2020) sostiene que aquellos que adoptan un enfoque de aprendizaje constante tienen más probabilidades de mantenerse competitivos en sus industrias y de enfrentar con éxito los desafíos del mercado en la era digital.

El acceso a la información y la educación en línea ha facilitado que los empleados puedan capacitarse de manera autónoma. La educación digital permite a los trabajadores acceder a cursos y recursos desde cualquier lugar, lo que reduce las barreras y facilita la adquisición de nuevas habilidades. Accenture (2020) señala que el aprendizaje en línea se ha convertido en una herramienta clave para el desarrollo de competencias, ya que permite a los empleados mejorar sus habilidades a su propio ritmo y en función de sus necesidades específicas.

La adaptabilidad, en este contexto, se ha vuelto una competencia invaluable. La capacidad de los trabajadores para modificar sus enfoques y estrategias en función de las nuevas demandas del mercado y de los avances tecnológicos es fundamental para la sostenibilidad de las empresas. Deloitte (2021) subraya que las organizaciones que fomentan una cultura de adaptación logran responder de manera más ágil y efectiva a los cambios del entorno, lo que las posiciona favorablemente frente a la competencia.

A medida que las tareas automatizadas reducen la necesidad de ciertas competencias tradicionales, los empleados deben reinventarse. La flexibilidad mental y la disposición a adquirir nuevos conocimientos se han convertido en aspectos cruciales para asegurar una trayectoria profesional estable. El Instituto de Ética de IA (2021) afirma que el aprendizaje permanente es fundamental para que los empleados encuentren oportunidades en un mercado donde las habilidades técnicas se reemplazan rápidamente por otras más avanzadas.

En el contexto de la automatización, el aprendizaje continuo no solo beneficia a los empleados, sino que también es un recurso estratégico para las organizaciones. PwC (2021) concluye que las empresas que invierten en la capacitación de sus empleados tienen una ventaja competitiva en la era digital, ya que logran mayor resiliencia frente a los cambios y reducen el riesgo de obsolescencia de habilidades entre su personal.

La inversión en el desarrollo de habilidades es también una estrategia para retener el talento. Aquellas empresas que ofrecen oportunidades de crecimiento y aprendizaje tienden a generar un mayor compromiso y lealtad entre sus empleados. McKinsey & Company (2018) sugiere que una cultura de aprendizaje continuo no solo permite a las empresas enfrentar los desafíos de la digitalización, sino que también contribuye a la motivación y satisfacción de sus empleados.

4.3. Habilidades técnicas en demanda: programación, análisis y ciencia de datos

La creciente adopción de la inteligencia artificial y la automatización en las organizaciones ha potenciado la necesidad de habilidades técnicas específicas, como la programación, el análisis de datos y la ciencia de datos. Estas competencias permiten a los profesionales trabajar en la intersección entre humanos y tecnología, potenciando sus capacidades para interpretar, construir y colaborar con sistemas automatizados. Según el Foro Económico Mundial (2020), el 84% de las empresas está implementando IA o explorando tecnologías avanzadas, lo cual resalta la demanda de habilidades técnicas en múltiples sectores.

La programación es una de las habilidades técnicas más buscadas en el mercado actual, ya que permite a los empleados desarrollar soluciones tecnológicas personalizadas y adaptar los sistemas de IA a las necesidades específicas de sus organizaciones. Un informe de PwC (2021) revela que el conocimiento en lenguajes de programación como Python, R y JavaScript es fundamental para los profesionales que desean destacarse en sectores de alta tecnología, especialmente en puestos de desarrollo de IA y automatización.

La capacidad de análisis de datos es igualmente esencial en la era digital, donde los datos son considerados uno de los activos más valiosos de las organizaciones. Los analistas de datos son responsables de extraer información significativa de grandes volúmenes de datos, lo que permite a las empresas tomar decisiones informadas. Según Harvard Business Review (Brown et al., 2020), el análisis de datos se ha convertido en una habilidad crítica para la toma de decisiones estratégicas, ya que permite identificar patrones y tendencias en el comportamiento de los consumidores y optimizar las operaciones internas.

La ciencia de datos, que incluye técnicas avanzadas de modelado y aprendizaje automático, es una disciplina en rápido crecimiento que permite a las empresas aprovechar al máximo la IA. Según Accenture (2020), los científicos de datos son esenciales para desarrollar modelos predictivos y algoritmos avanzados que pueden aplicarse a una variedad de funciones empresariales, desde el marketing y la gestión de la cadena de suministro hasta la atención al cliente y la previsión financiera.

La combinación de habilidades en programación y ciencia de datos permite a los profesionales trabajar en la creación de sistemas de IA que optimizan los procesos de negocio. El Instituto de Tecnología de Massachusetts (MIT) (2021) sugiere que los empleados con competencias en programación y datos son capaces de desarrollar algoritmos personalizados y optimizar las operaciones, lo cual es fundamental en un entorno de alta competencia.

El conocimiento de técnicas de visualización de datos también es fundamental para que los datos se presenten de manera comprensible y atractiva. Los expertos en visualización de datos transforman grandes volúmenes de datos en gráficos y diagramas que facilitan la interpretación de la información. Según Deloitte (2021), la habilidad de visualizar datos de manera efectiva ayuda a los empleados y líderes a comprender mejor las métricas de rendimiento y a tomar decisiones estratégicas basadas en evidencia.

La inteligencia artificial aplicada a la gestión de datos ha generado un aumento en la demanda de expertos en aprendizaje automático y minería de datos. Estas competencias permiten a los trabajadores extraer información útil de datos no estructurados y estructurados, lo que optimiza procesos y mejora la capacidad de toma de decisiones. McKinsey & Company (2021) destaca que el aprendizaje automático se está convirtiendo en una de las áreas más valoradas dentro de la ciencia de datos debido a su capacidad para automatizar tareas y predecir comportamientos futuros.

Los profesionales con habilidades en análisis y ciencia de datos se benefician de una perspectiva integral en los proyectos, ya que tienen la capacidad de entender y manipular tanto la infraestructura técnica como los objetivos estratégicos de la organización. Según el Foro Económico Mundial (2020), los trabajadores con competencias técnicas especializadas son más valiosos para las empresas, ya que su capacidad de conectar la tecnología con las estrategias de negocio les permite aportar un valor añadido significativo.

El manejo de bases de datos y sistemas de gestión de datos es otra habilidad técnica en demanda, ya que permite a los profesionales organizar y mantener grandes cantidades de información de manera eficiente. Los conocimientos en SQL y otros sistemas de gestión de bases de datos se han vuelto indispensables para quienes trabajan en sectores como finanzas, salud y comercio electrónico, donde la gestión de datos es fundamental para la toma de decisiones (PwC, 2021).

La automatización de procesos mediante IA requiere que los empleados tengan habilidades en programación y comprensión de algoritmos para diseñar y adaptar sistemas que aumenten la eficiencia. Un informe de Harvard Business Review (2020) destaca que los conocimientos en algoritmos y automatización permiten a los empleados reducir el tiempo de ejecución de tareas repetitivas, mejorando así la productividad en todos los niveles de la organización.

El uso de plataformas de análisis de datos avanzadas, como Hadoop y Spark, se ha convertido en una competencia valiosa para aquellos que desean trabajar en la gestión de grandes volúmenes de datos. La capacidad de procesar datos a gran escala es crucial para las empresas que buscan comprender mejor a sus clientes y optimizar sus operaciones, especialmente en sectores que dependen del análisis de datos en tiempo real (Deloitte, 2021).

4.4. Formación y capacitación para la nueva ingeniería del trabajo

La revolución digital ha transformado no solo las habilidades requeridas, sino también las formas en que las organizaciones capacitan y preparan a sus empleados. La formación continua es esencial para que los trabajadores puedan adaptarse a los cambios y para que las empresas mantengan su competitividad. De acuerdo con Accenture (2020), la capacitación en competencias técnicas y habilidades blandas es clave para que las empresas puedan aprovechar las ventajas de la inteligencia artificial sin poner en riesgo su cultura organizacional.

La capacitación en habilidades técnicas y de programación ha cobrado importancia, especialmente en empresas que buscan implementar IA en sus procesos. PwC (2021) sugiere que los programas de formación en habilidades tecnológicas deben estar alineados con las estrategias de negocio de la empresa, permitiendo a los empleados adquirir competencias directamente aplicables a sus roles.

El desarrollo de habilidades en ciencia de datos y análisis también es prioritario en las iniciativas de capacitación, ya que permite a los empleados comprender y aplicar datos en la toma de decisiones. Según Deloitte (2021), las empresas que implementan programas de capacitación en ciencia de datos obtienen mejores resultados en términos de eficiencia y calidad, ya que sus empleados son capaces de transformar datos complejos en información útil.

La capacitación en habilidades blandas es igualmente relevante en la era digital. Las habilidades de comunicación, colaboración y resolución de conflictos son esenciales para los empleados que deben trabajar junto a la tecnología y adaptarse a entornos cambiantes. El Foro Económico Mundial (2020) resalta que las habilidades interpersonales son tan importantes como las técnicas, ya que la capacidad de interactuar y colaborar efectivamente en equipos humano-IA determina en gran medida el éxito de los proyectos de tecnología avanzada.

La nueva ingeniería del trabajo implica una reestructuración de roles y procesos para maximizar el potencial de la IA y la tecnología. Las empresas deben preparar a sus empleados no solo en habilidades técnicas, sino también en capacidades de gestión del cambio y liderazgo adaptativo. Harvard Business Review (2021) sugiere que el liderazgo adaptativo es esencial en entornos que están en constante evolución, ya que permite a los líderes orientar a sus equipos en la integración de nuevas tecnologías y procesos.

La educación en ética de IA y responsabilidad digital es otro componente crucial en la formación actual. Los empleados necesitan comprender las implicancias éticas y sociales de la tecnología que desarrollan y utilizan. Según el Instituto de Ética de IA (2021), la capacitación en principios éticos permite a los trabajadores abordar desafíos como la privacidad y el sesgo en los algoritmos, contribuyendo a un uso más responsable de la tecnología.

La creación de una cultura de aprendizaje continuo es clave para enfrentar la rápida obsolescencia de habilidades. Accenture (2020) destaca que aquellas empresas que fomentan una mentalidad de aprendizaje constante en sus empleados tienen más éxito al adaptarse a la transformación digital, ya que logran mantenerse al día con las nuevas tendencias y exigencias del mercado.

El uso de plataformas de aprendizaje en línea permite a los empleados acceder a formación de manera flexible y en función de sus necesidades. Según McKinsey & Company (2018), el aprendizaje en línea se ha convertido en un recurso esencial para que los trabajadores adquieran habilidades en un entorno en constante cambio, lo que les permite actualizar sus competencias y responder a los cambios de manera oportuna.

Las iniciativas de capacitación corporativa también incluyen la formación en gestión de datos, una habilidad clave en la era de la información. La capacidad de gestionar datos eficientemente permite a las empresas optimizar sus operaciones y obtener insights valiosos. Deloitte (2021) sugiere que los empleados capacitados en gestión de datos y análisis pueden tomar decisiones informadas, aumentando así el valor de la empresa.

La inversión en capacitación también favorece la retención de talento y la lealtad de los empleados. Aquellas organizaciones que proporcionan oportunidades de desarrollo y crecimiento suelen ver un aumento en el compromiso de sus trabajadores. Según PwC (2021), los empleados que reciben capacitación continua se sienten más valorados y comprometidos con sus empleadores, lo cual beneficia a la organización en términos de productividad y estabilidad.

La personalización de los programas de capacitación es otra tendencia importante. Harvard Business Review (2020) argumenta que los programas de formación adaptados a las necesidades específicas de cada empleado son más efectivos, ya que permiten a los trabajadores desarrollar habilidades relevantes para sus roles y responsabilidades. Esto resulta especialmente útil en grandes empresas que buscan maximizar el impacto de sus inversiones en capacitación.

4.5. Ética y responsabilidad en la era de la automatización

La integración de tecnologías automatizadas en el entorno laboral plantea una serie de dilemas éticos que no pueden ignorarse en la era de la inteligencia artificial (IA). Con la creciente implementación de la automatización en procesos de toma de decisiones, análisis de datos y otras tareas críticas, es imperativo considerar los aspectos éticos asociados. La ética en la IA implica tanto el diseño responsable de las tecnologías como la toma de decisiones conscientes que prioricen el bienestar humano. Según el Instituto de Ética de IA (2021), los trabajadores y líderes deben estar capacitados para comprender y gestionar las implicancias éticas de la IA, evitando que la tecnología cause efectos negativos en la sociedad.

La responsabilidad social corporativa (RSC) es un elemento esencial en la implementación de tecnologías automatizadas. Las empresas deben asumir la responsabilidad de los impactos sociales y laborales que surgen de la automatización, comprometiéndose a utilizar la tecnología de manera justa y equitativa. Un informe de Accenture (2020) señala que la RSC en la era de la IA no solo incluye la minimización de los riesgos para los empleados, sino también el desarrollo de políticas que aseguren que los beneficios de la tecnología se distribuyan equitativamente, protegiendo a los trabajadores más vulnerables.

La transparencia en el uso de la IA es otro aspecto fundamental de la ética en la automatización. Las decisiones generadas por sistemas automatizados deben ser comprensibles y trazables, especialmente en sectores donde afectan directamente a los empleados y consumidores.

Harvard Business Review (2021) sugiere que la transparencia en los algoritmos y procesos de IA es clave para ganar la confianza de los usuarios, quienes deben comprender cómo y por qué se toman ciertas decisiones. La falta de transparencia en la automatización puede llevar a sesgos y a una falta de rendición de cuentas en las organizaciones.

El sesgo algorítmico es una de las preocupaciones éticas más importantes en la era de la automatización. A medida que los sistemas de IA toman decisiones basadas en grandes volúmenes de datos, existe el riesgo de que perpetúen prejuicios o discriminen a ciertos grupos. McKinsey & Company (2021) advierte que los algoritmos entrenados con datos históricos tienden a reflejar los sesgos existentes en la sociedad, lo que puede derivar en resultados injustos. Las organizaciones deben ser conscientes de este riesgo y deben emplear prácticas para mitigar el sesgo en sus sistemas automatizados.

La privacidad de los datos también es una preocupación crítica en la automatización. La recopilación y el análisis de grandes volúmenes de datos personales requieren que las empresas tomen medidas para proteger la información y garantizar que los datos se usen de manera ética. Según Deloitte (2021), la privacidad de los datos debe ser una prioridad para las organizaciones que implementan IA, ya que una falla en la protección de datos puede afectar la confianza y la reputación de la empresa. Las políticas de privacidad claras y el cumplimiento de regulaciones son fundamentales en este aspecto.

La toma de decisiones éticas en un entorno de automatización exige una combinación de habilidades técnicas y un compromiso firme con los principios éticos. Los empleados deben ser conscientes de las implicancias de sus decisiones y de cómo estas pueden afectar a la sociedad en su conjunto. El Instituto de Ética de IA (2021) sugiere que las empresas adopten un enfoque ético en el diseño y uso de la IA, incorporando principios como la equidad, la transparencia y la responsabilidad en sus procesos automatizados.

El impacto de la automatización en el empleo también plantea cuestiones éticas. La implementación de tecnología puede llevar a la eliminación de ciertos roles, lo que afecta a los trabajadores que dependen de estos empleos. PwC (2021) subraya que las empresas tienen la responsabilidad de preparar a sus empleados para la transición hacia un entorno laboral más automatizado, ofreciendo oportunidades de capacitación y reasignación. Esta responsabilidad social ayuda a mitigar el impacto negativo en los trabajadores y promueve una transición más justa hacia la automatización.

La ética en la IA también se extiende al diseño y desarrollo de los sistemas de IA, lo que incluye garantizar que los sistemas sean seguros y no causen daños involuntarios. Harvard Business Review (2021) argumenta que el desarrollo de IA debe seguir normas éticas que minimicen los riesgos y protejan la integridad de los usuarios. La ética en el diseño es una responsabilidad que los ingenieros y desarrolladores deben asumir para evitar consecuencias negativas en la sociedad.

El uso responsable de la IA en la toma de decisiones automatizadas requiere un control humano adecuado para evitar errores o abusos. Las decisiones automatizadas no pueden ser absolutas; es necesario que los profesionales humanos supervisen estos sistemas para asegurar que las decisiones sean justas y respeten los derechos humanos. Deloitte (2021) sostiene que la supervisión humana es clave para garantizar que las decisiones automatizadas se alineen con los valores éticos de la organización y no causen perjuicios a los empleados o clientes.

Las organizaciones deben implementar mecanismos de auditoría para evaluar el rendimiento y la equidad de los sistemas de IA. Estas auditorías permiten identificar posibles problemas de sesgo, privacidad o transparencia, lo que ayuda a las empresas a ajustar sus sistemas para cumplir con los estándares éticos. Un estudio de McKinsey & Company (2021) destaca que las auditorías periódicas son esenciales para garantizar que los sistemas de IA cumplan con las normativas éticas y que no generen resultados perjudiciales.

La ética de la IA también incluye el principio de minimización de daños, que insta a las empresas a evitar el uso de IA en situaciones donde puede causar un impacto negativo en los individuos o la sociedad. Según el Instituto de Ética de IA (2021), la minimización de daños es un principio fundamental para el uso ético de la IA, ya que asegura que la tecnología se utilice con un enfoque orientado al bienestar social y no solo al beneficio económico.

Finalmente, la ética y la responsabilidad en la era de la automatización requieren un compromiso organizacional con la formación en principios éticos y la responsabilidad en todos los niveles. Esto implica no solo la capacitación de empleados y líderes en ética digital, sino también el establecimiento de políticas organizacionales que fomenten una cultura ética en el uso de la tecnología. Accenture (2020) concluye que las empresas que adoptan una postura ética proactiva en su uso de la IA logran una mayor aceptación y confianza por parte de sus empleados y clientes, lo cual es fundamental en un mercado cada vez más consciente de los temas éticos.

Conclusión

La revolución tecnológica ha redefinido las competencias necesarias para prosperar en el entorno laboral actual, destacando la importancia tanto de las habilidades blandas como de las técnicas en un contexto de rápida automatización e inteligencia artificial. Las habilidades blandas —como la creatividad, el pensamiento crítico y la empatía— permiten a los empleados aportar un valor humano que la tecnología no puede replicar. Estas competencias son esenciales para la innovación y la solución de problemas complejos, aspectos que requieren de la intuición, imaginación y juicio humanos. En un entorno donde las máquinas realizan análisis de datos a gran velocidad, las habilidades blandas complementan la tecnología al proporcionar la perspectiva y el discernimiento necesarios para interpretar y aplicar los resultados de manera significativa (Foro Económico Mundial, 2018).

La adaptación continua y el aprendizaje permanente son ahora indispensables, pues la tecnología evoluciona a un ritmo vertiginoso. Los profesionales necesitan adoptar una mentalidad de aprendizaje constante, actualizando sus habilidades para no quedar rezagados. Esto no solo beneficia a los empleados, que pueden mantenerse competitivos y relevantes, sino también a las empresas, que ganan en resiliencia y agilidad. Organizaciones que fomentan una cultura de aprendizaje y desarrollo continuo logran retener talento y son más capaces de adaptarse a los cambios del mercado (Bersin by Deloitte, 2019; PwC, 2021).

Asimismo, las habilidades técnicas en programación, análisis y ciencia de datos se han convertido en esenciales para el trabajo en la intersección de los humanos y la tecnología. Estas competencias permiten a los profesionales no solo manejar grandes volúmenes de datos y crear soluciones basadas en IA, sino también entender y controlar las herramientas que facilitan el crecimiento y la eficiencia en sus empresas. En sectores como las finanzas, la salud y la tecnología, la demanda de estas habilidades sigue aumentando a medida que las organizaciones buscan sacar provecho de los datos y los sistemas automatizados para tomar decisiones estratégicas (Foro Económico Mundial, 2020; Accenture, 2020).

La formación y capacitación se presentan como elementos cruciales para integrar de manera efectiva a los trabajadores en este nuevo paradigma. Las empresas que invierten en programas de capacitación que abarcan tanto habilidades blandas como técnicas tienen una ventaja competitiva, pues desarrollan una fuerza laboral preparada para interactuar con la tecnología de manera productiva y ética. La capacitación en áreas como la ética de la IA, el liderazgo adaptativo y la gestión de datos permite a las empresas promover una cultura responsable e innovadora. Al hacer esto, las organizaciones no solo optimizan sus operaciones, sino que también aseguran una mayor cohesión y compromiso en su fuerza laboral (Deloitte, 2021; Harvard Business Review, 2020).

En conclusión, el entorno laboral del futuro exige una combinación equilibrada de habilidades blandas, técnicas y una mentalidad de aprendizaje permanente. A medida que la tecnología continúa transformando los procesos y la estructura del trabajo, los profesionales deben adaptarse y evolucionar en paralelo. Este capítulo demuestra que el verdadero valor de la tecnología se realiza cuando se complementa con las capacidades humanas, creando una sinergia que potencia tanto a las organizaciones como a los individuos.

El futuro del trabajo:
Desafíos y oportunidades
en la era de
digitalización
5

Capítulo 5: El futuro del trabajo: desafíos y oportunidades en la era de la digitalización

La era de la digitalización ha redefinido profundamente el panorama laboral, transformando la naturaleza del trabajo, los modelos de negocio y la dinámica entre empleadores y empleados. La incorporación de tecnologías avanzadas, como la inteligencia artificial (IA), el aprendizaje automático y la automatización de procesos, ha abierto un nuevo mundo de posibilidades, pero también plantea retos significativos para el futuro del trabajo. Mientras que, por un lado, la digitalización ha permitido optimizar la eficiencia, reducir los costos y mejorar la productividad en diversas industrias, también ha generado incertidumbre y desafíos en torno al empleo y la naturaleza de las competencias requeridas en el entorno laboral. Este capítulo explora cómo la digitalización impacta los modelos de negocio actuales, y examina los desafíos y oportunidades que surgen en la medida en que el trabajo continúa evolucionando.

La digitalización está impulsando cambios radicales en los modelos de negocio, que ahora se ven obligados a adaptarse a una realidad donde la innovación y la agilidad son factores críticos para el éxito. A medida que la tecnología redefine las relaciones comerciales, las empresas se encuentran en la necesidad de ajustar sus estructuras y estrategias para responder a las demandas de un mercado que avanza a un ritmo vertiginoso. La aparición de modelos de negocio digitales, como las plataformas de economía colaborativa, el comercio electrónico y las soluciones basadas en IA, ha cambiado no solo cómo las empresas generan ingresos, sino también cómo interactúan con sus clientes, gestionan sus operaciones y enfrentan la competencia. La capacidad de una organización para adaptarse y evolucionar en este entorno digital se ha convertido en un factor crucial para su sostenibilidad a largo plazo (García & Fernández, 2020).

En este contexto, surgen tanto desafíos como oportunidades para empresas y trabajadores. La digitalización plantea desafíos en términos de empleabilidad, ya que muchas tareas manuales o rutinarias están siendo sustituidas por sistemas automatizados y robots. Según un estudio realizado por el Foro Económico Mundial (2020), se estima que para 2025 la automatización habrá reemplazado aproximadamente 85 millones de empleos en todo el mundo, aunque también se espera la creación de nuevos roles enfocados en la tecnología y la innovación. Estos cambios generan un panorama laboral en el que la adaptabilidad y el aprendizaje continuo se convierten en competencias esenciales para la fuerza de trabajo.

La digitalización no solo afecta los empleos existentes, sino también las competencias que los trabajadores necesitan para prosperar en el entorno laboral. Con la llegada de la IA y otras tecnologías avanzadas, las habilidades técnicas como la programación, el análisis de datos y la gestión de sistemas tecnológicos se han convertido en requisitos cada vez más comunes en muchos sectores. Sin embargo, también se destaca la importancia de las habilidades "humanas", como la creatividad, la resolución de problemas y la inteligencia emocional, que complementan el trabajo realizado por las máquinas y permiten a los empleados desempeñar un papel estratégico en sus organizaciones. En este sentido, la digitalización no implica únicamente la automatización de tareas, sino también una revalorización de las habilidades humanas en el lugar de trabajo (Cano et al., 2020).

Otro desafío importante de la digitalización es la necesidad de establecer regulaciones adecuadas que garanticen la privacidad de los datos y la seguridad de la información. En un entorno laboral cada vez más digitalizado, el manejo de datos personales y empresariales se ha vuelto una práctica común, y la protección de esta información es una preocupación fundamental. Las organizaciones deben cumplir con normativas y regulaciones de privacidad, como el Reglamento General de Protección de Datos (RGPD) en Europa, para asegurar que el uso de la tecnología respete los derechos de privacidad de sus empleados y clientes. Esto implica una inversión en ciberseguridad y en la creación de políticas de protección de datos que se adapten a las exigencias del entorno digital.

A pesar de estos desafíos, la digitalización también ofrece múltiples oportunidades para las empresas y los trabajadores que saben aprovecharla estratégicamente. La tecnología permite la creación de nuevos modelos de negocio que no solo mejoran la eficiencia, sino que también abren puertas a nuevos mercados y a formas innovadoras de generar valor. Por ejemplo, los modelos basados en la economía colaborativa, como Uber y Airbnb, han surgido gracias a la tecnología digital, permitiendo a las empresas conectar directamente a los usuarios con servicios y bienes a través de plataformas en línea. Estos modelos de negocio digitales no solo han cambiado la estructura de sectores como el transporte y la hospitalidad, sino que también han creado oportunidades laborales flexibles para personas que buscan opciones de trabajo autónomo o de tiempo parcial (Vera, 2021).

En el entorno laboral, la digitalización ha dado lugar a la flexibilización de los horarios y la implementación del trabajo remoto. La pandemia de COVID-19 aceleró esta tendencia, y muchas empresas se vieron obligadas a adoptar el teletrabajo como una medida para asegurar la continuidad de sus operaciones. Esta experiencia demostró que muchas tareas pueden realizarse de forma remota, lo que ofrece beneficios tanto para los empleados, en términos de equilibrio entre la vida laboral y personal, como para los empleadores, quienes pueden reducir los costos de operación y ampliar su búsqueda de talento más allá de las limitaciones geográficas. El teletrabajo y los modelos híbridos de trabajo son tendencias que probablemente continuarán en el futuro, generando una transformación significativa en el entorno laboral y en las dinámicas de trabajo (González & Ortiz, 2019).

Por otro lado, la digitalización también plantea preguntas sobre la ética y la equidad en el trabajo. La automatización y la IA presentan el riesgo de profundizar las desigualdades laborales al concentrar la demanda en profesionales altamente cualificados y reducir las oportunidades para aquellos trabajadores con menor formación técnica. Para abordar estos retos, es fundamental que las organizaciones y los gobiernos trabajen en conjunto para crear políticas de inclusión digital y programas de capacitación que permitan a todos los trabajadores adaptarse a las nuevas exigencias del entorno digital. De esta manera, se puede asegurar que la digitalización se traduzca en beneficios equitativos y en un desarrollo sostenible (Pérez & Martín, 2019).

En resumen, el futuro del trabajo en la era de la digitalización presenta tanto desafíos como oportunidades. La capacidad de adaptación y la disposición al cambio serán factores determinantes para que empresas y trabajadores puedan aprovechar los beneficios de la tecnología y responder a las demandas de un mercado laboral en constante evolución. En este capítulo, se explorarán los cambios en los modelos de negocio impulsados por la digitalización, así como los retos y oportunidades que estos cambios generan. Desde la reorganización de las estructuras empresariales hasta la creación de nuevas formas de trabajo y la necesidad de desarrollar competencias digitales, el futuro del trabajo dependerá en gran medida de cómo las organizaciones y los individuos se adapten y adopten las herramientas tecnológicas de manera responsable y estratégica.

5.1 Transformaciones en los modelos de negocio

La digitalización está generando una transformación profunda en los modelos de negocio, modificando la forma en que las empresas operan, interactúan con sus clientes y generan valor. En un entorno donde las tecnologías avanzan rápidamente, las organizaciones se enfrentan a la necesidad de adaptarse para mantenerse competitivas y aprovechar las oportunidades que ofrece la era digital. Esta transformación abarca tanto la reestructuración interna de las empresas como la implementación de estrategias que integren tecnologías disruptivas como la inteligencia artificial (IA), el big data, la automatización y la nube. A medida que el mundo digital continúa evolucionando, los modelos de negocio tradicionales se ven desafiados por nuevos enfoques que ofrecen mayor eficiencia, flexibilidad y capacidad de respuesta ante las demandas de los clientes.

Digitalización e Innovación en Modelos de Negocio

La digitalización ha facilitado la creación de modelos de negocio que no solo innovan en la forma en que se entregan los productos y servicios, sino que también transforman la relación entre empresas y consumidores. En el pasado, los modelos de negocio solían estar basados en procesos estáticos y lineales, donde la cadena de producción y distribución seguía una estructura rígida. Sin embargo, con el auge de la tecnología digital, esta estructura ha dado paso a modelos dinámicos, ágiles y centrados en el cliente (Foro Económico Mundial, 2020).

Uno de los ejemplos más claros de este cambio es el surgimiento de los modelos de negocio basados en plataformas. Empresas como Amazon, Uber y Airbnb han cambiado la forma en que los consumidores acceden a los productos y servicios, utilizando plataformas digitales que conectan a los usuarios con proveedores de manera eficiente y sin necesidad de intermediarios tradicionales. Estas plataformas funcionan mediante el uso intensivo de datos y algoritmos de IA que optimizan la experiencia del usuario, personalizan las ofertas y ajustan el suministro a la demanda en tiempo real (González & Ortiz, 2019). Este tipo de modelos han permitido a las empresas expandirse rápidamente y operar en un mercado global, al mismo tiempo que reducen

los costos de operación y aumentan su alcance.

La personalización es otro elemento fundamental en los modelos de negocio digitales, ya que permite a las empresas adaptar sus productos y servicios a las necesidades individuales de los consumidores. Las plataformas digitales emplean herramientas de análisis de datos para recopilar información sobre el comportamiento y las preferencias de los usuarios, lo que permite a las empresas ofrecer experiencias más personalizadas. Esto ha llevado a una transformación en sectores como el comercio minorista, donde empresas como Netflix y Spotify ofrecen recomendaciones personalizadas basadas en los intereses de cada usuario, creando una relación más estrecha y personalizada con sus clientes (Vera, 2021).

La automatización y la optimización de procesos

La automatización es uno de los pilares de la transformación digital en los modelos de negocio, ya que permite a las empresas optimizar sus operaciones y reducir costos mediante la implementación de tecnologías que ejecutan tareas de manera autónoma. La robótica, la inteligencia artificial y la automatización de procesos mediante algoritmos han sido esenciales en la reconfiguración de sectores como la manufactura, la logística y los servicios financieros. En la industria de manufactura, por ejemplo, la automatización ha permitido reducir los tiempos de producción, minimizar el margen de error y mejorar la calidad de los productos. La capacidad de los robots para realizar tareas repetitivas y de alta precisión permite a las empresas mejorar su eficiencia y responder de manera más rápida a las demandas del mercado (García & Fernández, 2020).

En el ámbito de los servicios financieros, la automatización ha transformado la forma en que las empresas gestionan sus procesos y servicios. A través de la implementación de algoritmos y sistemas de IA, las instituciones financieras pueden automatizar tareas como la verificación de identidad, la detección de fraudes y el procesamiento de transacciones en tiempo real. Esto no solo mejora la eficiencia, sino que también reduce los costos asociados con el procesamiento manual y minimiza los errores humanos, lo que se traduce en una mayor confiabilidad para los usuarios y una optimización del tiempo y los recursos (Sánchez & López, 2019).

Asimismo, la automatización ha facilitado el análisis de grandes volúmenes de datos, permitiendo a las empresas realizar ajustes en sus operaciones en función de la información obtenida. El análisis de datos se ha convertido en una herramienta fundamental en la toma de decisiones empresariales, ya que permite a los líderes identificar patrones y tendencias que facilitan la planificación estratégica. Con la capacidad de procesar datos en tiempo real, las empresas pueden responder de manera ágil a los cambios del entorno, ajustando sus modelos de negocio para adaptarse a las necesidades del mercado y anticipar posibles desafíos (Pérez & Martín, 2019).

Modelos de negocio basados en la economía colaborativa

La economía colaborativa es un modelo de negocio que ha surgido de la digitalización y que permite a las personas compartir o alquilar recursos a través de plataformas digitales, en lugar de poseerlos. Este modelo ha cambiado la dinámica de propiedad y consumo en sectores como el transporte y la hospitalidad, donde empresas como Uber y Airbnb han creado plataformas que conectan a los usuarios con proveedores de servicios de manera rápida y conveniente. La economía colaborativa se basa en la idea de maximizar la utilización de los recursos existentes, permitiendo a las personas acceder a bienes y servicios sin necesidad de adquirirlos permanentemente (González & Ortiz, 2019).

La popularidad de la economía colaborativa refleja una tendencia hacia el consumo sostenible y la reducción del desperdicio de recursos. Las plataformas colaborativas permiten a los consumidores disfrutar de una mayor flexibilidad y conveniencia, mientras que los proveedores de servicios pueden monetizar sus activos y obtener ingresos adicionales. Este modelo no solo transforma la relación entre consumidores y proveedores, sino que también tiene un impacto positivo en la economía al fomentar el uso eficiente de los recursos y reducir la necesidad de producción adicional (Foro Económico Mundial, 2020).

Además, la economía colaborativa ha promovido un cambio en las preferencias de consumo, donde los usuarios valoran más la experiencia y el acceso que la propiedad de los bienes. Esta tendencia ha llevado a un cambio en la forma en que las empresas diseñan sus estrategias de negocio, enfocándose en la creación de experiencias de usuario atractivas y en el desarrollo de plataformas intuitivas y eficientes. La economía colaborativa ha demostrado ser un modelo de negocio flexible y adaptable, que responde a las demandas de un mercado cada vez más digitalizado y consciente de la sostenibilidad (García & Fernández, 2020).

Adaptación y agilidad organizacional en la era digital

La transformación digital ha obligado a las empresas a adaptarse rápidamente y a desarrollar una cultura de agilidad organizacional que les permita responder a los cambios del entorno de manera eficiente. En la era digital, las organizaciones deben ser capaces de identificar oportunidades y reaccionar ante los desafíos tecnológicos y del mercado con rapidez, lo cual requiere una estructura organizacional flexible y una mentalidad orientada al cambio. Las empresas que han adoptado la digitalización con éxito suelen ser aquellas que han invertido en innovación y que fomentan una cultura de aprendizaje continuo, en la que los empleados se sienten motivados a adquirir nuevas competencias y a adaptarse a las tecnologías emergentes (Vera, 2021).

La agilidad organizacional también implica la capacidad de implementar estrategias de transformación digital de manera progresiva, adaptándose a las necesidades de los clientes y al contexto específico de la empresa. Esto requiere que los líderes empresariales comprendan la importancia de la tecnología en la creación de valor y en la mejora de los procesos internos, y que sean capaces de coordinar esfuerzos para integrar la digitalización en todos los niveles de la organización. La adopción de tecnologías como el big data y el análisis predictivo permite a las empresas realizar ajustes estratégicos basados en datos concretos, lo que facilita una toma de decisiones informada y reduce el riesgo de errores (Pérez & Martín, 2019).

En este sentido, las empresas deben ser capaces de adaptarse a los modelos de negocio digitales sin perder su identidad corporativa y sin descuidar sus valores fundamentales. La digitalización no implica la eliminación de los procesos tradicionales, sino la integración de herramientas tecnológicas que complementen las fortalezas existentes de la organización. Aquellas empresas que logran equilibrar la tradición con la innovación son las que están mejor posicionadas para enfrentar los desafíos de un entorno cambiante y competitivo.

Desafíos en la implementación de modelos de negocio digitales

Si bien la digitalización presenta múltiples oportunidades para la transformación de los modelos de negocio, también plantea desafíos significativos que las empresas deben superar para asegurar una implementación exitosa. Uno de los mayores obstáculos es la inversión inicial en infraestructura tecnológica, que puede ser costosa y compleja de implementar, especialmente para las pequeñas y medianas empresas. La adopción de tecnologías avanzadas, como la IA y el big data, requiere una infraestructura adecuada y personal capacitado, lo que puede representar un reto para las empresas que no cuentan con los recursos necesarios (Cano et al., 2020).

Otro desafío importante es la resistencia al cambio, tanto a nivel organizacional como individual. La digitalización implica una transformación en la cultura empresarial y en la forma en que los empleados desempeñan sus tareas, lo que puede generar incertidumbre y resistencia en la fuerza laboral. Para superar este obstáculo, es fundamental que las empresas implementen programas de capacitación que permitan a los empleados adquirir las competencias necesarias para adaptarse a la nueva realidad digital. Además, es necesario fomentar una cultura de apertura al cambio y de colaboración, en la que los empleados vean la digitalización como una oportunidad de crecimiento y desarrollo profesional (García & Fernández, 2020).

Finalmente, la digitalización plantea desafíos en términos de privacidad y seguridad de la información. La recopilación y el análisis de grandes volúmenes de datos personales y empresariales representan un riesgo significativo si no se implementan medidas adecuadas de protección de datos. Las empresas deben cumplir con regulaciones de privacidad, como el Reglamento General de Protección de Datos (RGPD) en Europa, y deben invertir en sistemas de ciberseguridad que garanticen la protección de la información. La confianza del cliente es un factor clave en el éxito de los modelos de negocio digitales, y cualquier vulneración de la privacidad puede tener un impacto negativo en la reputación y sostenibilidad de la empresa (Sánchez & López, 2019).

5.2 Desafíos éticos y de privacidad en la era digital

La digitalización y el uso de tecnologías avanzadas como la inteligencia artificial (IA) han generado enormes beneficios en términos de eficiencia y acceso a la información, pero también han planteado serias preocupaciones éticas. Estos desafíos éticos se centran, principalmente, en la privacidad de los datos, el sesgo algorítmico y la seguridad de la información, tres áreas críticas que las organizaciones deben gestionar para garantizar un uso responsable de la tecnología. En un entorno donde el uso de datos es el motor de la innovación, el reto radica en equilibrar las oportunidades de la digitalización con la protección de los derechos y valores fundamentales de los usuarios.

Privacidad de los datos: un derecho en riesgo

La privacidad de los datos es uno de los temas éticos más debatidos en la era digital. Las organizaciones recopilan y analizan grandes volúmenes de información personal, que van desde patrones de comportamiento hasta datos biométricos, para mejorar sus servicios, optimizar su rendimiento y ofrecer experiencias personalizadas. Sin embargo, la recolección masiva de datos plantea el riesgo de invadir la privacidad de los individuos y de utilizar esta información de manera poco ética. En muchos casos, los usuarios no son plenamente conscientes de la cantidad de datos que se recopilan sobre ellos ni de cómo se utilizan (González & Fernández, 2019).

La Regulación General de Protección de Datos (GDPR, por sus siglas en inglés), adoptada en la Unión Europea en 2018, es un esfuerzo por regular el uso de datos personales y garantizar que las organizaciones respeten los derechos de privacidad de los usuarios. Sin embargo, el cumplimiento de estas normativas sigue siendo un desafío para muchas empresas, especialmente en aquellos casos donde la recopilación de datos es indispensable para el funcionamiento del negocio. La falta de transparencia y de control por parte de los usuarios en el manejo de sus datos crea una preocupación ética significativa, ya que las empresas podrían beneficiarse de la explotación de datos personales sin garantizar que los derechos de los individuos estén debidamente protegidos (López & Sánchez, 2020).

Por otra parte, el uso de tecnologías de reconocimiento facial y de análisis biométrico también ha generado controversias éticas. Aunque estas tecnologías pueden mejorar la seguridad y la eficiencia en algunos contextos, también pueden ser invasivas y representar una amenaza para la privacidad individual. Por ejemplo, el uso de sistemas de reconocimiento facial en espacios públicos permite a las organizaciones y a los gobiernos monitorizar a los ciudadanos sin su consentimiento explícito, lo que plantea cuestiones sobre el derecho a la privacidad y el riesgo de vigilancia masiva (Pérez & Gómez, 2021).

Sesgo algorítmico: un desafío para la equidad

El sesgo algorítmico es otro desafío ético importante en la era digital. Los algoritmos de IA se entrenan con datos históricos y patrones de comportamiento, lo que implica que pueden heredar los prejuicios y sesgos presentes en esos datos. Este sesgo algorítmico puede resultar en decisiones injustas o discriminatorias en áreas críticas como la selección de personal, la concesión de créditos o la administración de justicia (Rodríguez & Moreno, 2021).

Por ejemplo, en el ámbito de los recursos humanos, los sistemas de IA que se utilizan para seleccionar candidatos pueden basarse en datos históricos que reflejan prácticas discriminatorias, perpetuando así los sesgos de género o raza. A menos que se realice una supervisión exhaustiva y un ajuste adecuado de los algoritmos, el sesgo algorítmico puede reforzar la desigualdad y la exclusión de ciertos grupos. Esta preocupación ética no solo afecta la equidad en el lugar de trabajo, sino que también plantea preguntas sobre la responsabilidad de las organizaciones y de los diseñadores de IA para garantizar que sus sistemas sean justos e inclusivos (García & Torres, 2020).

La falta de transparencia en los algoritmos de IA también agrava el problema del sesgo, ya que muchos de estos sistemas funcionan como "cajas negras" donde los usuarios no comprenden cómo se toman las decisiones. Esto dificulta la identificación y corrección de sesgos, y plantea el reto de implementar prácticas de auditoría y supervisión que garanticen la equidad y la responsabilidad en el uso de la IA. La transparencia y la explicabilidad se han convertido en elementos esenciales para mitigar el sesgo algorítmico y asegurar que los sistemas de IA operen de manera ética y justa.

Seguridad de los datos: la amenaza de los ciberataques

La seguridad de los datos es otro aspecto fundamental en el entorno digital, ya que las organizaciones manejan volúmenes masivos de información sensible que pueden ser vulnerables a los ciberataques. Los ataques cibernéticos representan una amenaza tanto para la privacidad de los usuarios como para la integridad de las organizaciones, y pueden tener consecuencias devastadoras en términos de pérdida de confianza, daños económicos y violación de derechos. Las organizaciones deben invertir en medidas de seguridad robustas, como la encriptación de datos, el monitoreo de redes y la capacitación del personal, para protegerse contra posibles amenazas (Hernández & Rodríguez, 2021).

En algunos casos, los ataques cibernéticos pueden ser utilizados para robar información confidencial o manipular los sistemas de IA en beneficio de los atacantes. Por ejemplo, los ataques de adversarios, que alteran los datos de entrada para manipular las decisiones de los algoritmos de IA, pueden tener graves consecuencias en sectores como la salud, la banca o la seguridad nacional. Estos riesgos requieren que las organizaciones adopten políticas de ciberseguridad rigurosas y establezcan protocolos de respuesta rápida para mitigar el impacto de los ataques.

5.3 El rol del liderazgo en la integración de tecnología

En un entorno marcado por la digitalización y la adopción de tecnologías avanzadas, el liderazgo organizacional juega un papel fundamental en la integración de la tecnología en el modelo de negocio. La transición hacia la digitalización y el uso de IA no solo requiere una inversión en infraestructura y herramientas, sino también un cambio cultural que solo puede lograrse bajo la dirección de líderes comprometidos con el desarrollo de una visión tecnológica estratégica. Los líderes organizacionales deben guiar esta transformación con una visión clara y un enfoque en la innovación, asegurando que la implementación de la tecnología se realice de manera responsable y alineada con los objetivos y valores de la organización (Vargas & Sánchez, 2019).

La visión estratégica y la definición de objetivos

Para una integración efectiva de la tecnología, los líderes deben desarrollar una visión estratégica que contemple los objetivos a corto, mediano y largo plazo de la organización. La implementación de tecnologías como la IA y el big data requiere una planificación cuidadosa y una comprensión profunda de las oportunidades y desafíos específicos del sector. Los líderes deben ser capaces de identificar cómo estas tecnologías pueden mejorar los procesos, optimizar el rendimiento y aportar valor a los clientes. Esta visión debe estar alineada con los valores y objetivos de la empresa, de modo que la digitalización no sea simplemente un cambio técnico, sino una transformación estratégica (Fernández & García, 2020).

Además, los líderes deben establecer metas claras y medibles para evaluar el impacto de la tecnología en el rendimiento organizacional. Definir indicadores de rendimiento específicos permite a la organización monitorear el éxito de la integración tecnológica y realizar ajustes si es necesario. Los líderes desempeñan un papel crucial en la creación de una cultura orientada a los datos, donde las decisiones se basen en información objetiva y en análisis rigurosos que guíen el rumbo de la empresa en un entorno cambiante.

Comunicación y gestión del cambio

Uno de los principales retos en la integración de tecnología es la gestión del cambio, y en este sentido, el rol del liderazgo es esencial. La digitalización implica cambios significativos en la forma en que los empleados realizan su trabajo, y es probable que algunos se sientan inseguros o resistentes ante estas transformaciones. Para superar estas barreras, los líderes deben promover una comunicación transparente y constante, que explique a los empleados las razones detrás de la implementación de nuevas tecnologías y cómo estos cambios beneficiarán a la organización y a sus carreras individuales (López & Fernández, 2021).

La gestión del cambio requiere que los líderes adopten un enfoque inclusivo, involucrando a los empleados en el proceso de transformación y alentándolos a expresar sus preocupaciones y sugerencias. Crear un entorno donde los trabajadores se sientan parte del cambio es fundamental para reducir la resistencia y asegurar una transición fluida. Los líderes deben actuar como facilitadores, brindando el apoyo necesario y ofreciendo oportunidades de formación para que los empleados adquieran las competencias requeridas en el entorno digital.

Capacitación y desarrollo de competencias

La integración de tecnología en las organizaciones exige que los empleados desarrollen nuevas competencias técnicas, como el manejo de sistemas de IA y el análisis de datos. En este sentido, los líderes tienen la responsabilidad de asegurar que los empleados cuenten con los recursos y la capacitación necesarios para adaptarse a las nuevas demandas tecnológicas. Esto incluye invertir en programas de formación y desarrollo profesional que permitan a los trabajadores mejorar sus habilidades y adquirir conocimientos especializados en el uso de herramientas digitales.

La capacitación continua también es esencial para mantener la competitividad de la organización en un entorno en constante evolución. Los líderes deben fomentar una cultura de aprendizaje continuo, donde el desarrollo de habilidades se valore como una inversión estratégica a largo plazo. Este enfoque no solo beneficia a la organización, sino que también aumenta la satisfacción y el compromiso de los empleados, al brindarles la oportunidad de crecer y adaptarse en un entorno laboral dinámico (Hernández & Gómez, 2021).

Liderazgo ético y responsabilidad en el uso de tecnología

Finalmente, el liderazgo en la era digital también implica una responsabilidad ética en el uso de la tecnología. Los líderes deben asegurarse de que la implementación de IA y otras herramientas digitales respete los valores fundamentales de la organización y promueva la transparencia, la equidad y la privacidad de los datos. Esto requiere establecer políticas de uso responsable de la tecnología, que incluyan medidas para evitar el sesgo algorítmico, garantizar la seguridad de los datos y proteger la privacidad de los usuarios (Rodríguez & Morales, 2020).

El liderazgo ético también implica ser consciente de los impactos sociales de la digitalización, especialmente en términos de empleo y desigualdad. Los líderes deben anticiparse a los efectos de la automatización y tomar medidas para minimizar el desplazamiento laboral, promoviendo la reubicación y la formación de los empleados afectados. Este enfoque responsable permite a la organización adaptarse a la tecnología de manera ética y sostenible, construyendo una cultura organizacional que valora tanto la innovación como el bienestar de sus empleados y clientes.

5.4 Escenarios futuros para la colaboración humano-máquina

La colaboración entre humanos y máquinas se está convirtiendo en una característica central del entorno laboral y se espera que siga evolucionando a medida que las tecnologías avanzadas, como la inteligencia artificial (IA), la robótica y la automatización, se integren aún más en los procesos empresariales. Esta interacción, que va mucho más allá de la automatización básica, se caracteriza por una relación simbiótica en la que tanto los humanos como las máquinas aportan sus fortalezas para lograr objetivos comunes. Los escenarios futuros para la colaboración humano-máquina se presentan como un campo de oportunidades, pero también como un terreno lleno de desafíos éticos, operativos y sociales.

Los escenarios de futuro en la colaboración entre humanos y máquinas se centran en mejorar la eficiencia, productividad y creatividad en el lugar de trabajo. Para lograr estos objetivos, será crucial establecer un equilibrio adecuado en el uso de la tecnología, asegurando que la intervención de la IA y la automatización no desplacen el rol humano, sino que lo potencien. En este capítulo se exploran cuatro escenarios clave que reflejan las oportunidades y desafíos de la colaboración entre humanos y máquinas: el trabajo en sinergia, la automatización aumentada, la innovación creativa y la sostenibilidad.

Escenario 1: trabajo en sinergia

El primer escenario futuro para la colaboración humano-máquina se basa en el concepto de trabajo en sinergia, donde humanos y máquinas trabajan de manera conjunta en procesos que requieren tanto la inteligencia humana como la capacidad analítica de la IA. En este contexto, las máquinas no reemplazan a los trabajadores humanos, sino que los complementan. Las tareas repetitivas y analíticas son gestionadas por algoritmos y robots, permitiendo a los empleados humanos enfocarse en actividades que requieren creatividad, juicio y empatía.

Este enfoque ya se observa en industrias como la salud y la educación, donde las máquinas asisten a los profesionales en tareas de diagnóstico y análisis de datos, mientras los humanos aportan la empatía y el juicio necesarios para la toma de decisiones (Davenport & Kirby, 2016). Por ejemplo, los sistemas de IA pueden analizar grandes cantidades de datos médicos y detectar patrones que podrían pasar desapercibidos para los médicos. Sin embargo, la decisión final y el tratamiento del paciente siguen dependiendo de la experiencia y el criterio del profesional de la salud.

En el futuro, este tipo de colaboración sinérgica será clave en prácticamente todos los sectores. Las organizaciones deberán encontrar formas de integrar la tecnología de manera que los empleados humanos puedan trabajar de la mano con sistemas automatizados, permitiendo que cada parte aporte lo mejor de sus capacidades. Para que este modelo funcione, será esencial que los trabajadores cuenten con habilidades digitales y tecnológicas que les permitan colaborar eficazmente con la IA y otras tecnologías avanzadas. La capacitación continua será, por lo tanto, un elemento central en este escenario de trabajo en sinergia (Autor et al., 2020).

Escenario 2: automatización aumentada

La automatización aumentada es otro escenario en el que se vislumbra un futuro de colaboración humano-máquina. Este concepto se refiere a la idea de que la automatización no se limita a sustituir funciones humanas, sino que aumenta la capacidad del trabajador al ofrecer herramientas que potencian sus habilidades y mejoran su rendimiento. En lugar de ver la automatización como una herramienta que sustituye al ser humano, en este escenario se considera un recurso que le permite realizar sus tareas de manera más rápida y eficiente.

En sectores como la manufactura avanzada y la logística, los robots colaborativos (cobots) y los sistemas de IA ya están siendo utilizados para aumentar las capacidades humanas en tareas físicas y operativas. Los cobots permiten que los trabajadores operen en entornos seguros, al tiempo que se mejora la precisión y la velocidad de las tareas. Por ejemplo, en una línea de producción, los cobots pueden encargarse de la manipulación de materiales pesados o de la realización de tareas de precisión, mientras que el trabajador supervisa y coordina el proceso general.

La automatización aumentada también es aplicable en áreas de trabajo intelectual, como el análisis de datos y la toma de decisiones. Los sistemas de IA pueden procesar grandes cantidades de información en segundos, ofreciendo recomendaciones y predicciones que facilitan la toma de decisiones estratégicas. Sin embargo, el juicio final y la estrategia quedan en manos de los humanos, quienes interpretan los resultados y consideran factores intangibles que las máquinas no pueden evaluar, como el contexto social y cultural de las decisiones (Brynjolfsson & McAfee, 2014).

Escenario 3: innovación creativa

Uno de los aspectos más fascinantes de la colaboración entre humanos y máquinas es el potencial para impulsar la innovación creativa. Aunque la creatividad ha sido considerada tradicionalmente como una capacidad exclusivamente humana, el desarrollo de algoritmos de IA que pueden aprender patrones y generar ideas innovadoras ha abierto nuevas oportunidades en el ámbito de la creatividad. En este escenario, la IA actúa como un catalizador de la innovación, aportando sugerencias, explorando nuevas posibilidades y ofreciendo perspectivas que pueden inspirar a los humanos.

En la industria del diseño y la publicidad, por ejemplo, las herramientas de IA ya se utilizan para analizar tendencias de consumo y generar ideas creativas basadas en los patrones de comportamiento de los usuarios. Las empresas pueden crear campañas publicitarias personalizadas y optimizadas mediante el análisis de datos en tiempo real, lo que les permite adaptar sus mensajes a las necesidades y deseos de los consumidores. Sin embargo, la creatividad humana sigue siendo indispensable para darle un toque auténtico y emocional al mensaje final, un elemento que las máquinas aún no pueden replicar (González & López, 2019).

El futuro de la colaboración en la innovación creativa será caracterizado por el desarrollo de herramientas que permitan a los humanos interactuar con la IA de una manera colaborativa y dinámica. Los sistemas de IA pueden generar propuestas y prototipos basados en datos, mientras que los humanos interpretan estos resultados y los adaptan a contextos culturales y sociales específicos. La creatividad será una colaboración en la que humanos y máquinas aporten su intuición, análisis y experiencia para crear soluciones originales y relevantes.

Escenario 4: colaboración para la sostenibilidad

Otro escenario futuro clave en la colaboración humano-máquina es el uso de la tecnología para promover la sostenibilidad. A medida que aumenta la conciencia sobre los efectos del cambio climático y la necesidad de un desarrollo sostenible, las organizaciones buscan maneras de reducir su impacto ambiental y operar de manera más responsable. En este contexto, la IA y la automatización pueden desempeñar un rol fundamental en la gestión eficiente de recursos, la optimización de procesos y la reducción de residuos.

Por ejemplo, en el sector energético, la IA permite monitorizar el consumo de recursos en tiempo real y ajustar la producción según la demanda, lo que reduce el desperdicio de energía. En el sector de la agricultura, la tecnología ayuda a optimizar el uso de agua y fertilizantes, reduciendo el impacto ambiental y aumentando la eficiencia en el uso de los recursos naturales (Rodríguez & Morales, 2021). Los sistemas de IA también pueden predecir eventos climáticos y cambios en las condiciones ambientales, lo que permite a las empresas ajustar sus operaciones para minimizar los efectos negativos sobre el medio ambiente.

La colaboración para la sostenibilidad también implica un cambio en la forma en que las organizaciones valoran sus operaciones y su impacto en la sociedad. En el futuro, se espera que los empleados trabajen junto a máquinas en proyectos que prioricen el bienestar del planeta, utilizando herramientas tecnológicas para medir y reducir el impacto ecológico. Este escenario plantea la oportunidad de una colaboración significativa entre humanos y máquinas que contribuya al desarrollo sostenible y al cuidado del medio ambiente.

Desafíos en los escenarios de colaboración humano-máquina

Aunque los escenarios futuros para la colaboración humano-máquina ofrecen numerosas oportunidades, también plantean importantes desafíos que deben ser abordados. Uno de los principales obstáculos es la resistencia al cambio por parte de los empleados, quienes pueden sentir que sus puestos de trabajo están amenazados por la automatización. Para que la colaboración sea exitosa, es fundamental que las organizaciones implementen políticas de capacitación y reentrenamiento que ayuden a los empleados a adaptarse a los nuevos roles que exige la tecnología.

Otro desafío es la necesidad de asegurar la equidad y transparencia en los sistemas de IA utilizados en el entorno laboral. El sesgo algorítmico y la falta de explicabilidad de algunos algoritmos pueden afectar la toma de decisiones y crear problemas de justicia y transparencia en el trabajo. Las organizaciones deberán desarrollar marcos éticos y de gobernanza que garanticen que la IA se utilice de manera justa y responsable, minimizando el riesgo de discriminación y promoviendo la igualdad de oportunidades (López & Fernández, 2020).

Finalmente, el avance hacia estos escenarios futuros requerirá una infraestructura digital sólida y medidas de ciberseguridad adecuadas. La colaboración humano-máquina implica un intercambio constante de información entre humanos y sistemas digitales, lo que aumenta la vulnerabilidad a los ciberataques y las amenazas de seguridad. Las empresas deben invertir en infraestructura tecnológica y en estrategias de ciberseguridad para proteger tanto los datos personales de los empleados como la integridad de los sistemas de IA.

La colaboración entre humanos y máquinas representa una transformación fundamental en el mundo del trabajo y presenta escenarios futuros llenos de posibilidades y retos. Los cuatro escenarios clave —trabajo en sinergia, automatización aumentada, innovación creativa y colaboración para la sostenibilidad— ilustran cómo las organizaciones pueden aprovechar la tecnología para mejorar la eficiencia, la creatividad y la responsabilidad ambiental. No obstante, la implementación exitosa de estos escenarios requerirá un enfoque estratégico y ético por parte de las organizaciones, que deberán fomentar la capacitación, la transparencia y la protección de la privacidad en sus operaciones.

La colaboración humano-máquina ofrece una oportunidad sin precedentes para reimaginar el trabajo y lograr avances significativos en todos los sectores. Las organizaciones que adopten estos enfoques de manera responsable y ética estarán bien posicionadas para prosperar en un entorno laboral cada vez más digitalizado, donde humanos y máquinas trabajen juntos para crear un futuro laboral más eficiente, justo y sostenible.

Referencias

Acemoglu, D. y Restrepo, P. (2018). Inteligencia artificial, automatización y trabajo. Journal of Economic Perspectives, 33(2), 193–210.

Acemoglu, D. y Restrepo, P. (2020). Automatización y nuevas tareas: Cómo la tecnología desplaza y restituye el trabajo. Journal of Economic Perspectives, 33(2), 3–30.

Acemoglu, D. y Restrepo, P. (2020b). La carrera entre el hombre y la máquina: Implicaciones de la tecnología para el crecimiento, la participación de los factores y el empleo. American Economic Review, 108(6), 1488–1542. https://doi.org/10.1257/aer.20160696

Accenture. (2020). Aprovechando la IA de manera responsable: Los impactos éticos y sociales de la inteligencia artificial. Recuperado de https://www.accenture.com

Autor, D. (2015). ¿Por qué todavía hay tantos empleos? La historia y el futuro de la automatización en el lugar de trabajo. Journal of Economic Perspectives, 29(3), 3–30. https://doi.org/10.1257/jep.29.3.3

Autor, D. H., Levy, F. y Murnane, R. J. (2003). El contenido de habilidades del cambio tecnológico reciente: Una exploración empírica. Quarterly Journal of Economics, 118(4), 1279–1333.

Autor, D. y Dorn, D. (2013). El crecimiento de los empleos de servicios de baja cualificación y la polarización del mercado laboral en Estados Unidos. American Economic Review, 103(5), 1553–1597. https://doi.org/10.1257/aer.103.5.1553

Bass, L., Weber, I. y Zhu, L. (2015). DevOps: Una perspectiva para arquitectos de software. Addison-Wesley.

Bessen, J. (2019). IA y empleos: El rol de la demanda. NBER Working Paper No. 24235. https://doi.org/10.3386/w24235

Referencias

Brynjolfsson, E. y McAfee, A. (2014). La segunda era de las máquinas: Trabajo, progreso y prosperidad en una época de tecnologías brillantes. W.W. Norton & Company.

Brynjolfsson, E. y McAfee, A. (2017). Máquina, plataforma, multitud: Aprovechando nuestro futuro digital. W.W. Norton & Company.

Cano, F., González, A. y López, M. (2020). Inteligencia artificial y productividad en la industria manufacturera. Revista de Ingeniería Industrial, 15(2), 45–62.

Cardenas, A. A., Amin, S. y Sastry, S. (2018). Desafíos de investigación para la seguridad de los sistemas de control. National Institute of Standards and Technology.

Deloitte. (2021). Informe global sobre tendencias de capital humano 2021. Deloitte Insights.

Deming, D. J. (2017). La creciente importancia de las habilidades sociales en el mercado laboral. The Quarterly Journal of Economics, 132(4), 1593–1640. https://doi.org/10.1093/qje/qjx022

Fernández, A. y Martínez, L. (2021). Ética y privacidad en la inteligencia artificial. Revista de Innovación Tecnológica, 15(2), 123–136.

Ford, M. (2015). El ascenso de los robots: Tecnología y la amenaza de un futuro sin empleo. Basic Books.

Foro Económico Mundial. (2018). Informe sobre el futuro de los empleos 2018. Recuperado de https://www.weforum.org

Foro Económico Mundial. (2020). Informe sobre el futuro de los empleos 2020. Recuperado de https://www.weforum.org

García, E. (2020). Automatización en la Revolución Industrial. Revista de Ingeniería Industrial, 8(3), 112–129.

Referencias

García, J. y Rodríguez, M. (2021). Transformación laboral y ética en la era de la inteligencia artificial. Journal de Ética Aplicada, 12(4), 67–80.

García, M. y Fernández, P. (2020). Transformación digital y sostenibilidad: La inteligencia artificial como herramienta clave. Revista de Administración, 8(1), 88–103.

González, J. y Ortiz, R. (2019). Estrategias de personalización de la experiencia del cliente mediante IA. Journal de Negocios y Tecnología, 12(3), 71–86.

Herrera, C. (2019). La eficiencia y la ética en el uso de máquinas inteligentes. Ética y Tecnología, 5(3), 201–218.

López, A. (2019). La revolución de las máquinas. Editorial Tecnología Industrial.

López, R. (2022). Discriminación algorítmica y sus implicaciones sociales. Revista de Estudios Sociales, 10(3), 157–170.

Manyika, J., et al. (2017). Un futuro que funciona: Automatización, empleo y productividad. McKinsey Global Institute.

Martínez, R. (2018). Impacto de la tecnología digital en el trabajo. Revista de Tecnología y Trabajo, 15(2), 45–59.

McAfee, A. y Brynjolfsson, E. (2017). La segunda era de las máquinas: Trabajo, progreso y prosperidad en una época de tecnologías brillantes. W.W. Norton & Company.

McKinsey & Company. (2018). Cambio de habilidades: Automatización y el futuro de la fuerza laboral. Recuperado de https://www.mckinsey.com

McKinsey & Company. (2021). Lograr equidad en los sistemas de IA: Abordando el sesgo y la transparencia. Recuperado de https://www.mckinsey.com

Pérez, D. (2019). Responsabilidad y rendición de cuentas en la era de la inteligencia artificial. Derecho y Tecnología, 7(4), 301–320.

Referencias

Pérez, J. (2020). IA y robótica: La nueva era del trabajo. Editorial Avances Tecnológicos.

Pérez, L. y Martín, C. (2019). Efectos de la automatización en la productividad y reducción de costos en la industria manufacturera. Estudios Económicos, 28(4), 27–49.

PwC. (2021). Estudio global de inteligencia artificial: Aprovechando la revolución de la IA. Recuperado de https://www.pwc.com

Russell, S. y Norvig, P. (2021). Inteligencia artificial: Un enfoque moderno (4.ª ed.). Pearson.

Sánchez, P. y López, E. (2019). La inteligencia artificial en la industria farmacéutica: Un enfoque en el control de calidad. Investigación en Ciencias de la Salud, 3(1), 14–29.

Topol, E. J. (2019). Medicina profunda: Cómo la inteligencia artificial puede hacer que la atención médica sea humana nuevamente. Basic Books.

van der Aalst, W. M. P. (2016). Minería de procesos: Ciencia de datos en acción (2ª ed.). Springer. https://doi.org/10.1007/978-3-662-49851-4

Vera, S. (2021). Robots y eficiencia en la industria automotriz. Análisis Tecnológico, 19(1), 52–68.

Willcocks, L. P., Lacity, M. C. y Craig, A. (2015). Automatización de procesos robóticos: La próxima palanca de transformación para los servicios compartidos. Journal of Information Technology Teaching Cases, 5(2), 77–87. https://doi.org/10.1057/jittc.2015.5

Printed by Books on Demand GmbH, Norderstedt / Germany